Projekt

Physik betreiben heißt, etwas zu tun. Auf den Projektseiten findet ihr viele Tipps und Anregungen – um etwas zu machen, das sich am Ende sehen lassen kann.

Umwelt

Blick in die Technik

Kraft

Weißt du es? Kannst du es

1. Nenne fünf Beispiele, bei denen eine Kraft eine Bewegungsänderung hervorruft!
2. Nenne fünf Beispiele, bei denen eine Kraft eine Verformung hervorruft!
3. In der Umgangssprache wird das Wort Kraft häufig anders verwendet als im Sinne der Mechanik. Nenne Beispiele dafür!
4. Zwei Personen ziehen an einem Seil, das an einem Baum festgebunden ist. Warum fallen sie um, wenn man das Seil durchschneidet? Was geschieht in diesem Augenblick mit dem Baum?
5. Nenne Beispiele, in denen Kräfte dadurch eine andere Wirkung zeigen, dass man ihren Angriffspunkt verändert. Werden sie in diesen Fällen entlang ihrer Wirkungslinie verschoben?
6. Zwei Schüler versuchen beim Tauziehen den jeweils anderen Schüler auf ihre Seite zu ziehen. Was passiert, wenn einer der Schüler das Seil loslässt? Erläutere an diesem Beispiel, dass Wirkungen immer Wechselwirkungen sind.
7. Wenn ein Auto auf einem Kiesweg anfährt, wird der Kies nach hinten weggeschleudert. Warum fährt das Auto nach vorn?
8. Wie groß ist die Gewichtskraft eines Körpers, wenn seine Masse a) 10 g, b) 50 g, c) 200 g und d) 20 kg beträgt?
9. Um die Wagen A, B und C einzeln zu ziehen, muss der Traktor auf ebener Straße jeweils folgende Kräfte aufbringen: $F_A = 1\,500$ N, $F_B = 2\,000$ N und $F_C = 4\,000$ N. Welche Kraft muss er für den Dreierzug für die gleiche Bewegung aufbringen? Stelle die Kräfte grafisch dar!

10. Beschreibe den Unterschied zwischen Gewichtskraft und Masse eines Körpers! Welcher Zusammenhang besteht zwischen Gewichtskraft und Masse?
11. Am Äquator beträgt die Gewichtskraft eines Beutels mit Sand 100 N. Muss man am Nordpol Sand herausnehmen oder hinzufügen, damit der Federkraftmesser ebenfalls 100 N anzeigt?
12. Die Ausrüstung eines Astronauten hat eine Masse von 90 kg. Wie groß ist deren Gewichtskraft auf der Erde, auf dem Mond und in der Raumstation?
13. Nenne Beispiele, wie man den Zustand der „Schwerelosigkeit" erreichen kann und erkläre sie!
14. Was hältst du von der Aussage „Ich drücke mit 15 Kilo gegen die Tür"?

Kurz und knapp!

Jede Verformung oder Bewegungsänderung eines Körpers ist die Folge der Wechselwirkung mit einem anderen Körper. Bewegungsänderung bedeutet dabei: Der Körper wird schneller oder langsamer, oder er wird von einer geradlinigen Bahn abgelenkt.

Übt ein Körper eine Kraft auf einen zweiten aus, so wirkt stets auch eine Kraft vom zweiten auf den ersten Körper. Beide Kräfte haben denselben Betrag und sind entgegengesetzt gerichtet.

Formelzeichen für die Kraft: F
Einheit der Kraft: Newton (N)
Eine Kraft hat einen Betrag, einen Angriffspunkt und eine Richtung.

Die **Gewichtskraft** ist die Kraft, mit der ein Körper an seiner Aufhängung zieht oder auf seine Unterlage drückt:
$F_G = m \cdot g$ (g: Ortsfaktor)

Themenseiten

Hier kannst du dich gründlich informieren über *Umwelt, Energie*, und *Gesundheit* – Themen, die jeden von uns direkt berühren. Was heißt eigentlich Treibhauseffekt? Wie werden Altbauten saniert? Was untersucht der Augenarzt? Diese Fragen tauchen nicht nur im Physikunterricht auf, sondern auch in anderen Fächern, wie z. B. Erdkunde, Biologie oder Chemie.

Aufgaben

Sie dienen nicht nur zur Wiederholung und zur Übung. Sie sollen dir ebenso helfen, mit dem Gelernten Neues zu entdecken oder Altbekanntes neu zu verstehen. Daher sind auch hier oft kleine Experimente auszuführen.

Zusammenfassung

Am Ende des Kapitels wird das Wichtigste noch einmal auf den Punkt gebracht.

Blick in …

Auf diesen Seiten wird über den Tellerrand geschaut – denn der Physik begegnest du nicht nur im Physikraum. Ein *Blick in die Natur* und ein *Blick in die Technik* verrät, wo die Physik, die ihr gerade behandelt, eine besondere Rolle spielt.
Beim *Blick in die Geschichte* erfährst du, was die Menschen früher schon über die Physik wussten und wie diese Wissenschaft langsam entstanden ist.

W0272000

Inhalt

Kraft und ihre Wirkungen

Kräfte finden wir in unserer Umgebung überall. Sie wirken in Maschinen, im Straßenverkehr oder beim Sport. Kräfte kann man handgreiflich spüren. Oft kann man die Wirkung von Kräften auch sehen. In der Mechanik werden Kräfte genau untersucht und gemessen. Bei vielen mechanischen Vorgängen spielt die Reibung eine wichtige Rolle. Manchmal ist sie für uns ungünstig, oft aber auch unbedingt notwendig. Die Menschen haben viele Geräte erfunden, mit denen man Kraft einsparen kann.

Kraft

1

Zwei Personen ziehen an den Enden eines Seils.
Wer ist stärker?
Was passiert, wenn nur einer zieht?
Und was spürt dann der andere, der nur festhält?
Fällt der Schwächere um?
Wer ist der Schwächere?
Physikalisch ausgedrückt wirken beide Körper aufeinander ein. Dabei treten Kräfte auf. Sie sollen im Folgenden beschrieben und untersucht werden.

Wechselwirkung zwischen zwei Körpern

Wenn man beim Sport genauer die Wirkungen von Körpern aufeinander untersucht, so lassen sich folgende Fälle unterscheiden. Man kann z.B.:

2

Körper in Bewegung versetzen …

3

… abbremsen …

4

… ihre Bewegungsrichtung ändern.

5

Körper zeitweilig verformen …

6

… dauerhaft verformen …

7

… verformen und ablenken.

In allen Fällen auf der vorhergehenden Seite ist leicht zu erkennen, dass die Bewegung oder die Form eines Körpers durch die Einwirkung eines anderen Körpers verändert wird:

- Der Stabhochspringer im Bild 5 auf S. 6 verformt den Stab; der Stab beschleunigt den Sportler nach oben. Ohne den Sportler würde sich der Stab nicht verbiegen – aber ohne den Stab würde auch der Sportler nicht nach oben beschleunigt.
- Die Bespannung des Tennisschlägers bremst den Ball zunächst ab (Bild 7, S. 6); Bespannung und Ball verformen einander gegenseitig; der Ball wird anschließend wieder beschleunigt.
  Aber auch die Bewegung des Schlägers wird durch das Auftreffen des Balls beeinflusst. Dies spürt derjenige, der den Schläger führt: Der Schläger wird durch den Ball ein wenig gebremst; verfehlt man dagegen den Ball, schlägt man ungebremst „ins Leere".
- Die Kanufahrerin im Bild 2 auf S. 6 drückt mit dem Paddel Wasser nach hinten; dadurch bewegt sie sich zusammen mit dem Boot vorwärts. Ohne das Wasser käme die Kanufahrerin nicht voran.

ÜBRIGENS

Nimmt ein Gegenstand nach einer Verformung von allein wieder seine ursprüngliche Gestalt an, so spricht man von einer **elastischen** Verformung. Tut er dies nicht, so wurde er **plastisch** verformt.

Näherst du dich mit einem Eisenkörper in der Hand einem starken an einem Tisch befestigten Magneten, so spürst du, wie der Magnet den Eisenkörper anzieht (Bild 1a). Löst du die Befestigung des Magneten, bewegt sich der Magnet auf den Eisenkörper zu (Bild 1b). Nimmst du den Magneten in die eine Hand und den Eisenkörper in die andere, kannst du das gegenseitige Anziehen spüren.

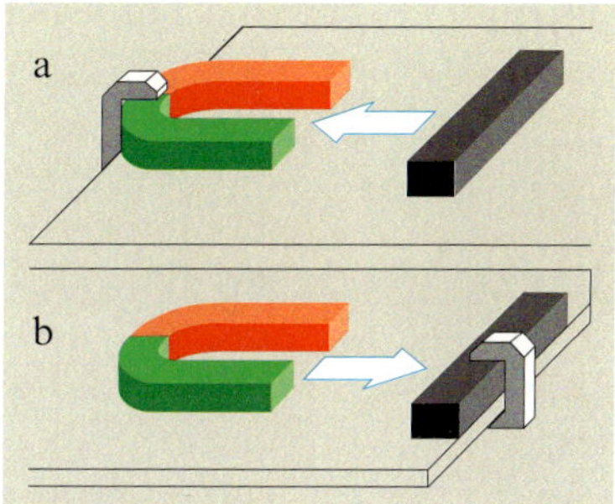

1

Wechselwirkung zwischen Magnet und Eisenkörper

In allen Beispielen wirken jeweils zwei Körper wechselseitig aufeinander ein. Beide werden dabei verformt oder in ihrer Bewegung beeinflusst. Einen solchen Vorgang nennt man **Wechselwirkung zweier Körper.** Allgemein gilt:

**Jede Verformung oder Bewegungsänderung eines Körpers ist die Folge der Wechselwirkung mit einem anderen Körper.
Bewegungsänderung bedeutet dabei: Der Körper wird schneller oder langsamer, oder er wird von einer geradlinigen Bahn abgelenkt.**

Wechselwirkung und Kraft

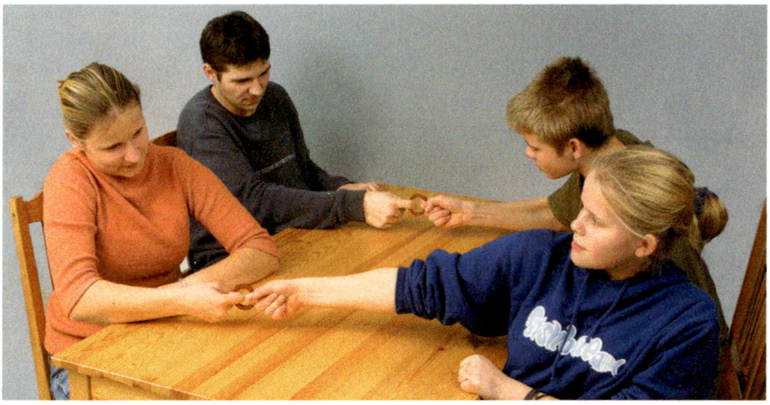
2

Beim Fingerhakeln ziehen die Wettkämpfer direkt aneinander oder über einen kleinen Ring aus Leder bzw. Holz.
Wie stark die beiden Paare in Bild 2 aneinander ziehen, lässt sich nicht ohne weiteres erkennen, möglicherweise täuschen sie die große Anstrengung nur vor. Höchstens aus der Verfärbung ihrer Finger könnte man erahnen, ob sie ernsthaft ziehen oder nur simulieren.

Die Lederringe werden beim Fingerhakeln nur geringfügig gedehnt. Ersetzt man sie durch geeignete Schraubenfedern, so werden diese deutlich sichtbar verformt. Die Federn werden umso mehr ausgedehnt, je stärker die Paare jeweils aneinander ziehen. Ebenso wird die Feder im Bild 1 von den großen Magneten stärker gedehnt als von den kleinen.

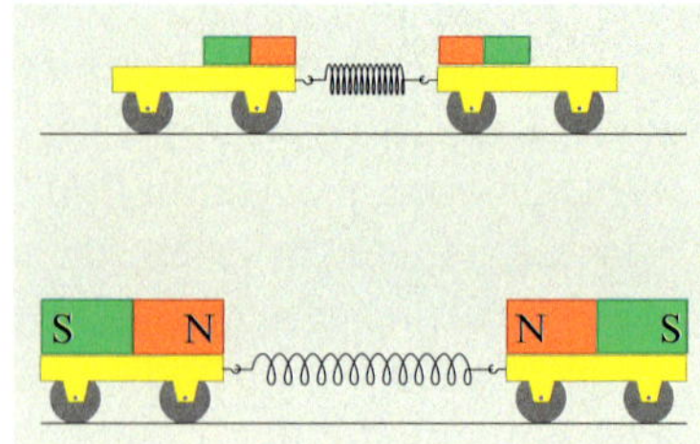

1

Federn können anzeigen, wie stark zwei Körper aufeinander einwirken.

Um in der Physik zu beschreiben, wie stark ein Körper auf einen anderen einwirkt, verwendet man die physikalische Größe Kraft. Sie wird mit dem Formelzeichen F (engl. *force*) abgekürzt.

Die physikalische Größe Kraft gibt an, wie stark ein Körper auf einen anderen einwirkt. Das Formelzeichen der Kraft ist *F*.

Paul und Tina ziehen an einem Seil (Bild 2). Die wirkenden Kräfte werden mit zwei Federkraftmessern angezeigt. Egal wer „zieht“ und wer „festhält“, beide Federkraftmesser zeigen immer denselben Betrag an.

Paul zieht an Tina mit der Kraft F_1. Tina zieht an Paul mit der Kraft F_2. Die Kräfte F_1 und F_2 haben denselben Betrag. Sie sind aber entgegengesetzt gerichtet.

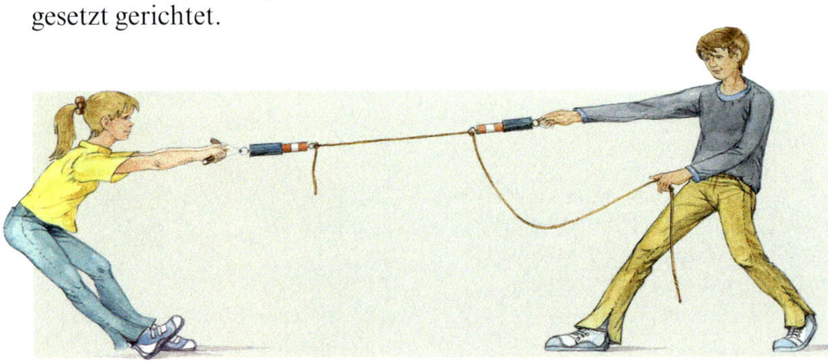
2

Die Erfahrung, dass jede Kraft nur wirken kann, wenn eine gleich große Kraft zurückwirkt, nennt man Wechselwirkungsprinzip:

Übt ein Körper eine Kraft auf einen zweiten aus, so wirkt stets auch eine Kraft vom zweiten auf den ersten Körper.
Beide Kräfte haben denselben Betrag und sind einander entgegengesetzt gerichtet.

Ohne das Wechselwirkungsprinzip, wären viele Vorgänge im täglichen Leben nicht möglich. Z. B. im Sport beim Start eines Läufers etwa wirkt dieser mit der Kraft F_1 auf den Startblock und der Startblock wirkt mit der Kraft F_2 auf den Sprinter zurück (Bild 3). Der Startblock muss fest mit der Erde verankert sein, damit diese ihre Gegenkraft auf den Läufer ausüben kann.

3

„Kraft“ im Alltag. In Sätzen wie „Die hat aber Kraft.“ oder „Ihm ist die Kraft ausgegangen.“ oder auch bei Begriffen wie Sehkraft und Einbildungskraft wird das Wort Kraft nicht im physikalischem Sinn gebraucht. In der Physik beschreibt die Kraft das Einwirken eines Körpers auf einen anderen.

Messen von Kräften

Um die Kraft zu messen, die von einem Körper auf einen anderen ausgeübt wird, kann man eine Schraubenfeder benutzen, die bei der Wechselwirkung gedehnt (oder gestaucht) wird. Federkraftmesser besitzen in ihrem Inneren eine Schraubenfeder, die von einer Kunststoffhülse umgeben ist (Bild 1). Auf dieser Hülse ist eine Skala angebracht. Außerdem haben Federkraftmesser eine Nullpunkteinstellung, die vor jeder Messung auf „0“ geschoben werden muss.
Zu Ehren des englischen Physikers ISAAC NEWTON (1643–1727) wurde als Einheit der Kraft das Newton mit der Abkürzung N gewählt.
Zum Festlegen der Skala in N lässt sich ein Körper mit der Masse 102 g verwenden. (Das ist eine Tafel Schokolade mit Verpackung.) Die Kraft, mit der solch ein Körper die Feder dehnt, beträgt 1 N. Selbstverständlich ist die Einheit 1 N nicht nach der Tafel Schokolade festgelegt worden. Aber so kann man es sich gut merken. Hängen zwei Körper mit der Masse von je 102 g am Federkraftmesser, so ist seine Verlängerung doppelt so groß, es werden 2 N angezeigt.

Die Einheit der Kraft ist Newton (N).

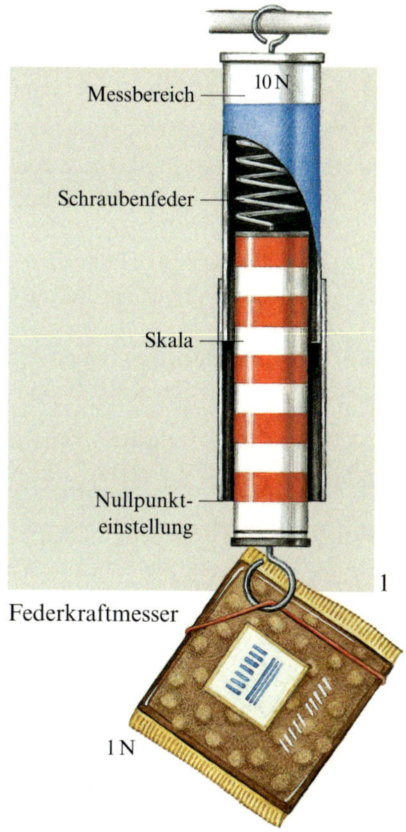

1 Federkraftmesser

Darstellen von Kräften

Will man ein elastisches Stahlblatt um eine vorgegebene Strecke verbiegen, so ist dazu eine bestimmte Kraft notwendig. Im Bild 2a zeigt der Federkraftmesser 1 N an. Vergrößert man den **Betrag** der Kraft, so vergrößert sich auch die Wirkung (Bild 2b).

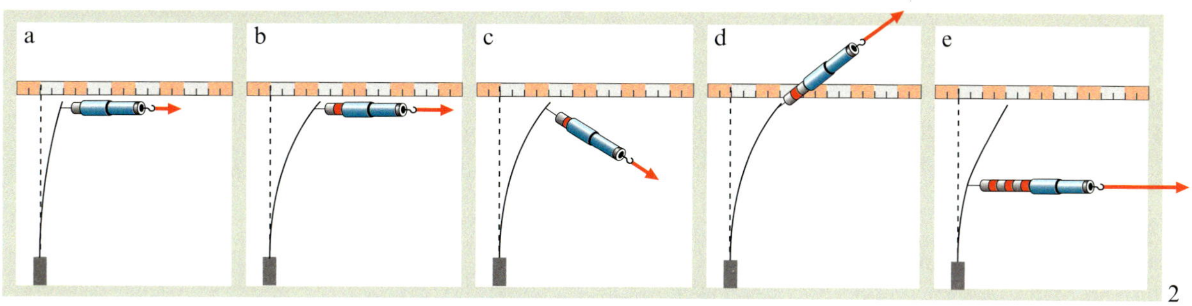

2

Die gleiche Verformung ist auch möglich, wenn man statt in waagerechter **Richtung** mehr nach unten (Bild 2c) oder mehr nach oben (Bild 2d) zieht. Obwohl die Kräfte unterschiedliche Beträge haben (Bilder 2b, 2c, 2d), ist ihre Wirkung immer gleich. Verändert man den **Angriffspunkt** der Kraft, so erfordert die gleiche Wirkung auch eine andere Kraft (Bild 2e). Wenn man zwischen den Angriffspunkt und den Federkraftmesser einen Faden bindet, aber die Richtung beibehält, so ändert sich nichts an der Wirkung der Kraft (Bild 3). Die **Wirkungslinie** der Kraft bleibt dieselbe.

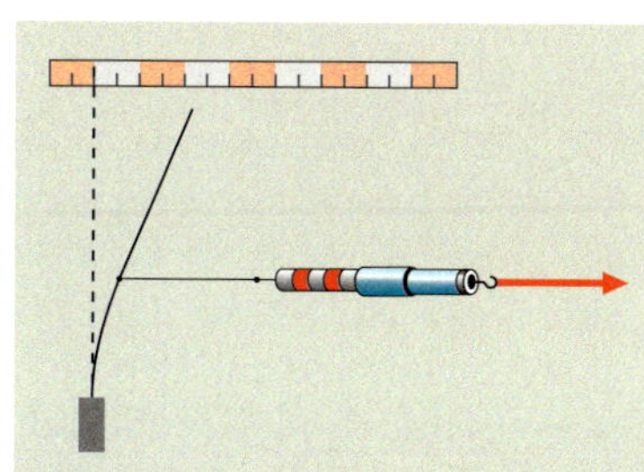
3

Die Wirkung einer Kraft hängt von ihrem Betrag, ihrer Richtung und von ihrem Angriffspunkt ab.

Kräfte sind gerichtete Größen. Solche Größen kann man mithilfe von Pfeilen darstellen (Bild 1):
- Der Anfangspunkt des Pfeiles entspricht dem Angriffspunkt der Kraft.
- Die Richtung des Pfeiles gibt die Richtung der Kraft an.
- Die Länge des Pfeiles gibt den Betrag der Kraft an. Beim Zeichnen muss man einen Maßstab angeben.
- Über das Formelzeichen für die Kraft schreibt man einen Pfeil, weil es sich um eine gerichtete Größe handelt. Der Pfeil wird jedoch weggelassen, wenn nur der Betrag der Kraft gemeint ist.

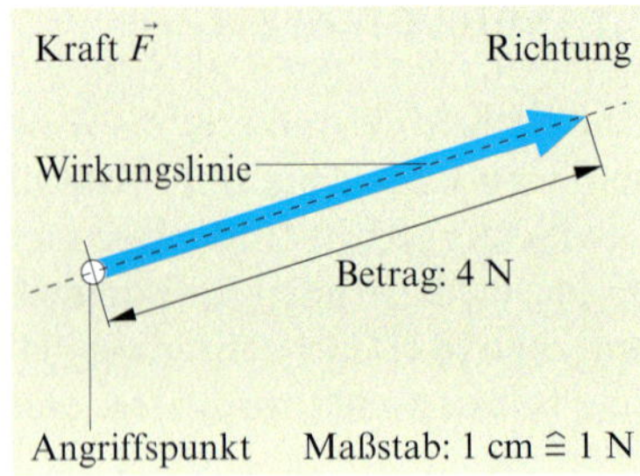

1

Für die Beispiele in den Bildern 2 b bis d von Seite 10 kann man nun eine Darstellung mit den Kraftpfeilen vornehmen:

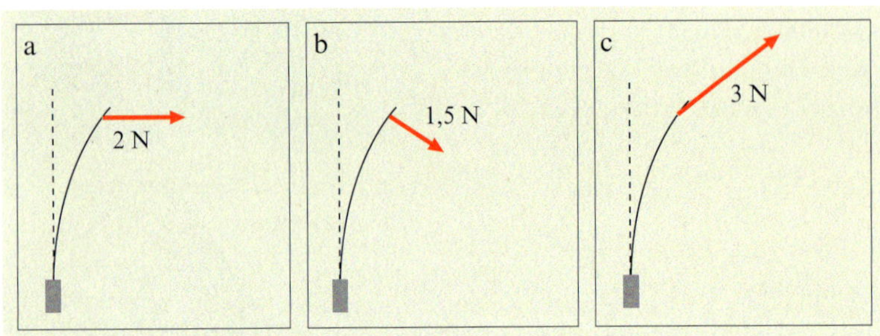

2

Masse und Gewichtskraft

Wer einen Gegenstand in der Hand hält, spürt eine Kraft, die senkrecht nach unten wirkt. Stellt man diesen Gegenstand ab, so drückt er mit derselben Kraft auf die Unterlage. Diese Kraft heißt Gewichtskraft $\vec{F}_G$. Man kann die Gewichtskraft eines Körpers mit einem Federkraftmesser messen.
Ein Körper mit der Masse $m = 1$ kg übt die Gewichtskraft $F_G = 9{,}81$ N (≈ 10 N) aus (Bild 3).

**Die Gewichtskraft F_G ist die Kraft, mit der ein Körper an seiner Aufhängung zieht oder auf seine Unterlage drückt.
Auf der Erde übt ein Körper mit der Masse 1 kg die Gewichtskraft 9,81 N aus.**

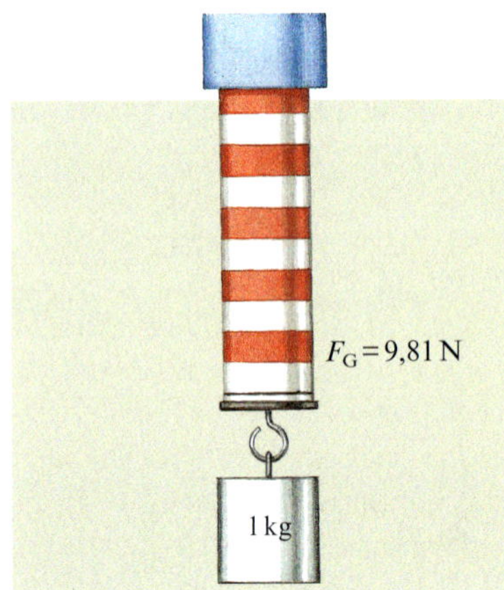

3

Zusammenhang von Masse und Gewichtskraft

Streng genommen gilt der letzte Satz nur für bestimmte Regionen der Erde, z. B. für Mitteleuropa. Würde man mit einem Körper der Masse 1 kg um die Erde reisen und genaue Messungen durchführen, so erhielte man andere Werte für die Gewichtskraft:
- am Nord- und Südpol der Erde: 9,83 N,
- am Äquator und auf dem Mount Everest: 9,78 N.

Das Verhältnis von Gewichtskraft und Masse ist für alle Körper an einem bestimmten Ort (auf der Erde wie auf dem Mond oder anderswo) dasselbe. Dieses Verhältnis heißt **Ortsfaktor *g*:**

$$g = \frac{F_G}{m}.$$

Ortsfaktoren

Ort	g in N/kg
Erdoberfläche	9,78 bis 9,83
in 1 000 km Höhe	7,33
auf dem Mond	1,62
auf dem Jupiter	26

Die Erscheinung, dass alle Körper eine Gewichtskraft ausüben, oder dass sie nach unten fallen, wenn man sie hochhebt und loslässt, hat die gleiche Ursache. Sie werden von der Erde angezogen.
Die Anziehungskraft der Erde auf alle Körper bezeichnet man als **Schwerkraft.** Und weil „schwer" lateinisch *gravis* heißt, nennen die Physiker sie auch **Gravitationskraft.**
Was heißt eigentlich „unten"? Immerhin fällt in Australien und Südafrika auch alles nach unten. Unten bedeutet überall auf der Erde die Richtung zum Erdmittelpunkt. Jeder hat also sein eigenes „Unten" (Bild 1).
Die Erde zieht jeden Körper an. Umgekehrt ziehen die Körper auch die Erde an. Es besteht eine Wechselwirkung zwischen der Erde und den Körpern.
Auf dem Mond beträgt der Ortsfaktor eines Körpers nur ein Sechstel des Wertes auf der Erde. Das liegt daran, dass der Mond eine geringere Masse hat als die Erde.

1

Auf dem Mond sind alle Körper nur ein Sechstel so schwer wie auf der Erde, d. h., ihre Gewichtskraft ist nur 1/6 so groß. Ein Rucksack mit Geräten mit der Masse 102 kg, den man auf der Erde kaum anheben kann (Bild 2), lässt sich auf dem Mond mühelos tragen (Bild 4). Statt einer irdischen Gewichtskraft von 1 000 N, wirken auf dem Mond nur etwa 167 N.
Während sich also die Gewichtskraft eines Körpers von Ort zu Ort ändert, bleibt seine Masse überall gleich. Die Masse ist eine Körpereigenschaft, die Gewichtskraft ist ortsabhängig. Ein Körper der Masse 1 kg zeigt am Federkraftmesser von Ort zu Ort ganz unterschiedliche Werte an.
Findet ein Astronaut auf dem Mond einen Stein, so kann er mit dem Federkraftmesser seine Gewichtskraft bestimmen. Die Masse des Steins könnte er mithilfe des Ortsfaktors berechnen (Bild 3b). Die Masse lässt sich aber auch direkt messen, nämlich mit einer Balkenwaage (Bild 3a).
Die Messung mit der Balkenwaage funktioniert, weil Körper gleicher Masse am selben Ort gleich stark vom Mond oder von der Erde angezogen werden.
Mithilfe von Wägestücken, deren Masse bekannt ist, kann man die unbekannte Masse von Körpern an jedem Ort bestimmen.

2

a b 3

4

In der „Schwerelosigkeit“

1

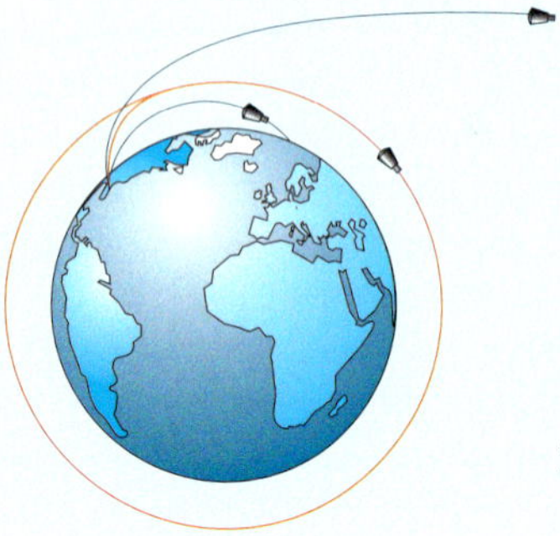

2

Bei Fernsehübertragungen aus Raumstationen sehen wir Astronauten frei umherschweben. Deren Gewichtskraft ist offensichtlich null (Bild 1). Eine Personenwaage würde in der Raumstation wirklich 0 anzeigen. Die Astronauten befinden sich in einem Zustand, den man „Schwerelosigkeit“ nennt, obwohl man ihn besser mit Gewichtslosigkeit bezeichnen sollte.
Selbstverständlich besitzen die Astronauten auch im All eine Masse und so werden sie auch von der Erde angezogen. Warum spüren die Astronauten von der Anziehung aber nichts?
Auf der Erde bewirkt die Schwerkraft das Fallen aller Körper. Nun kann man aber jene Körper, die die Erde umkreisen – den Mond genauso wie Raumstationen –, ebenso als fallende Körper betrachten.
Um eine Raumstation in eine Umlaufbahn zu bringen, muss sie mit großer Geschwindigkeit in den Weltraum befördert werden. Ist die Geschwindigkeit zu gering, fällt die Raumstation aufgrund der Schwerkraft, wie ein geworfener Stein, auf die Erde zurück. Ist die Geschwindigkeit zu groß, verschwindet sie ins All (Bild 2). Bei einer bestimmten Geschwindigkeit fällt die Raumstation nicht auf die Erde zurück, sondern „um die Erde herum“. Alle Geräte und Menschen in ihr fallen mit.

In der Gewichtslosigkeit funktionieren manche technischen Geräte anders als unter Normalbedingungen, Werkstoffe zeigen abweichendes Verhalten. Auch chemische und biologische Vorgänge verlaufen oft überraschend. Dazu führt man in Raumstationen zahlreiche wissenschaftliche Experimente durch.

Da Raumflüge ziemlich teuer sind, haben die Physiker nach Möglichkeiten gesucht, Experimente unter Schwerelosigkeit auch auf der Erde durchzuführen. Es wurden so genannte Falltürme entwickelt. Bild 3 zeigt den Fallturm in Bremen. Dieses in Europa einzigartige Großlabor wird von Wissenschaftlern aus aller Welt genutzt. Im Turm befindet sich eine 110 m lange Fallröhre. In den herabfallenden Experimentier-Kapseln wird für fast 5 s der Zustand der Schwerelosigkeit erreicht.

3

Weißt du es ? Kannst du es

1. Nenne fünf Beispiele, bei denen eine Kraft eine Bewegungsänderung hervorruft!
2. Nenne fünf Beispiele, bei denen eine Kraft eine Verformung hervorruft!
3. In der Umgangssprache wird das Wort Kraft häufig anders verwendet als im Sinne der Mechanik. Nenne Beispiele dafür!
4. Zwei Personen ziehen an einem Seil, das an einem Baum festgebunden ist. Warum fallen sie um, wenn man das Seil durchschneidet? Was geschieht in diesem Augenblick mit dem Baum?
5. Nenne Beispiele, in denen Kräfte dadurch eine andere Wirkung zeigen, dass man ihren Angriffspunkt verändert. Werden sie in diesen Fällen entlang ihrer Wirkungslinie verschoben?
6. Zwei Schüler versuchen beim Tauziehen den jeweils anderen Schüler auf ihre Seite zu ziehen. Was passiert, wenn einer der Schüler das Seil loslässt? Erläutere an diesem Beispiel, dass Wirkungen immer Wechselwirkungen sind.
7. Wenn ein Auto auf einem Kiesweg anfährt, wird der Kies nach hinten weggeschleudert. Warum fährt das Auto nach vorn?
8. Wie groß ist die Gewichtskraft eines Körpers, wenn seine Masse a) 10 g, b) 50 g, c) 200 g und d) 20 kg beträgt?
9. Um die Wagen A, B und C einzeln zu ziehen, muss der Traktor auf ebener Straße jeweils folgende Kräfte aufbringen: $F_A = 1\,500$ N, $F_B = 2\,000$ N und $F_C = 4\,000$ N.
   Welche Kraft muss er für den Dreierzug für die gleiche Bewegung aufbringen? Stelle die Kräfte grafisch dar!

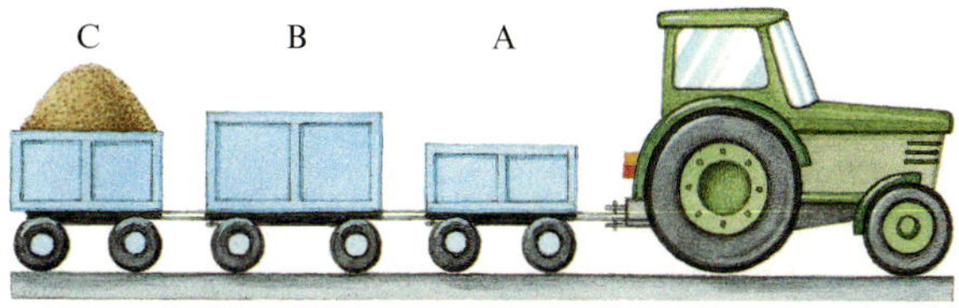

1

10. Beschreibe den Unterschied zwischen Gewichtskraft und Masse eines Körpers!
    Welcher Zusammenhang besteht zwischen Gewichtskraft und Masse?
11. Am Äquator beträgt die Gewichtskraft eines Beutels mit Sand 100 N. Muss man am Nordpol Sand herausnehmen oder hinzufügen, damit der Federkraftmesser ebenfalls 100 N anzeigt?
12. Die Ausrüstung eines Astronauten hat eine Masse von 90 kg. Wie groß ist deren Gewichtskraft auf der Erde, auf dem Mond und in der Raumstation?
13. Nenne Beispiele, wie man den Zustand der „Schwerelosigkeit" erreichen kann und erkläre sie!
14. Was hältst du von der Aussage „Ich drücke mit 15 Kilo gegen die Tür"?

Kurz und knapp !

Jede Verformung oder Bewegungsänderung eines Körpers ist die Folge der Wechselwirkung mit einem anderen Körper. Bewegungsänderung bedeutet dabei: Der Körper wird schneller oder langsamer, oder er wird von einer geradlinigen Bahn abgelenkt.

Übt ein Körper eine Kraft auf einen zweiten aus, so wirkt stets auch eine Kraft vom zweiten auf den ersten Körper. Beide Kräfte haben denselben Betrag und sind entgegengesetzt gerichtet.

Formelzeichen für die Kraft: F
Einheit der Kraft: Newton (N)
Eine Kraft hat einen Betrag, einen Angriffspunkt und eine Richtung.

Die **Gewichtskraft** ist die Kraft, mit der ein Körper an seiner Aufhängung zieht oder auf seine Unterlage drückt:
$F_G = m \cdot g$ (g: Ortsfaktor)

Reibung

1

Ein schwerer Schrank soll in einem Zimmer mit Fliesenfußboden von einer Wand an die andere verschoben werden. Der erste Versuch ist zunächst vergeblich. Nachdem trockene Tücher unter die Schrankfüße gelegt worden sind, lässt er sich nun leicht verschieben. Umzugsfirmen nutzen kleine Wagen mit Rollen („Hund" genannt). Damit geht es noch leichter.

Reibungskräfte

Beim Schlittschuhlaufen gleiten deine Kufen über das Eis. Kommst du aber auf eine stumpfe Stelle, werden die Kufen stark gebremst und du gerätst ins Stolpern. Deine Bewegung wird durch eine Kraft gehemmt. Kräfte, die eine Bewegung hemmen, kennst du auch vom Fahrradfahren: Auf einer glatten Straße musst du dich viel weniger anstrengen als auf einem sandigen Waldweg. Diese **bewegungshemmenden** Kräfte heißen Reibungskräfte. Auch der Luftwiderstand ist eine solche Kraft, die die Bewegung hemmt. Es ist eine Reibung an der Luft.
Reibung tritt an den Grenzflächen zweier Körper auf, die sich gegeneinander bewegen. Sie entsteht durch die Rauheit der Oberflächen. Die Flächen verhaken sich, wenn sie eng aneinander liegen. Selbst glatt polierte Oberflächen können sich etwas ineinander verhaken (Bild 3).

2

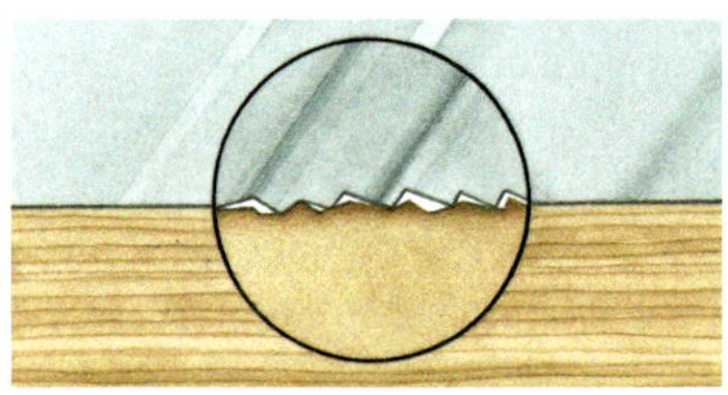
3

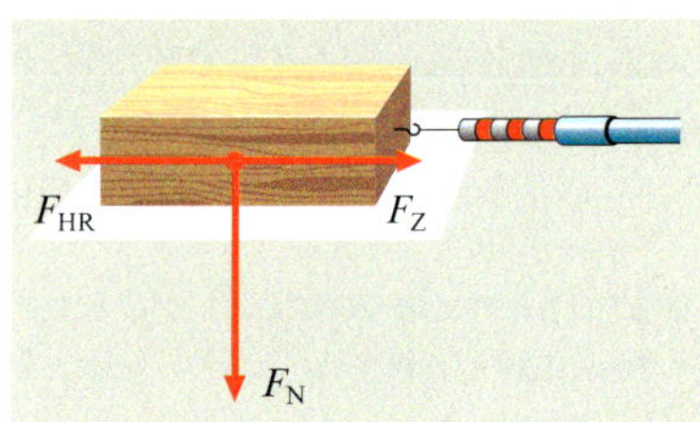

4

Haftreibung. Wenn du vorsichtig versuchst, einen ruhenden Körper wegzuziehen, dann muss deine Zugkraft einen bestimmten Betrag erreichen, bevor sich der Körper in Bewegung setzt. Es tritt eine zur **Zugkraft** F_Z entgegengesetzt gerichtete Reibungskraft auf, die die Bewegung verhindert. Die **Haftreibungskraft** F_{HR} ist die maximale Reibungskraft eines ruhenden Körpers. Ist die Zugkraft größer als die Haftreibungskraft, so setzt sich der Körper in Bewegung.

Bis zu welchem Wert muss die Zugkraft erhöht werden, ehe sich ein Körper in Bewegung setzt? Dafür ist auch die Kraft von Bedeutung, mit der der Körper senkrecht auf seine Unterlage gepresst wird – die **Normalkraft** F_N. Ist die Unterlage waagerecht, so Fläche liegt, ist die Normalkraft gleich der Gewichtskraft.

EXPERIMENT 1

1 Bestimme die Haftreibungskraft eines Holzquaders ($m = 100\,g$) auf einem Tisch. Ziehe den Quader langsam und miss die Zugkraft, die notwendig ist, um ihn gerade in Bewegung zu versetzen!
2 Erhöhe die Normalkraft auf 2 N, 3 N und 4 N, indem du zusätzliche 100-g-Wägestücke auf den Holzquader stellst und ermittle die jeweils dazugehörige Haftreibungskraft!
3 Trage alle Messergebnisse in eine Tabelle ein!
4 Wiederhole die Messungen auf anderen Unterlagen (Glas, Sandpapier) und trage die Ergebnisse ebenfalls in die Tabelle ein!

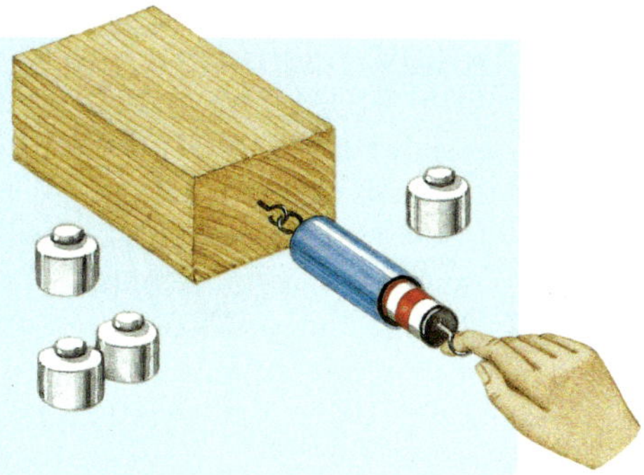
1

Je größer die Normalkraft ist, desto mehr Kraft ist erforderlich, um den Körper in Bewegung zu versetzen. Der Quotient aus Haftreibungskraft F_{HR} und Normalkraft F_N ist konstant. Je rauer die Oberflächen sind, umso größer ist dieser Quotient.

Haftreibungskraft und Normalkraft sind einander proportional: $F_{HR} \sim F_N$.

Gleitreibung. Wird die Zugkraft größer als die Haftreibungskraft eines Körpers, setzt sich der Körper in Bewegung und rutscht – er gleitet. Die Kraft, die das Gleiten hemmt, heißt **Gleitreibungskraft F_{GR}.**
Zieht man einen Holzquader mit gleich bleibender Geschwindigkeit über einen Tisch und bestimmt die Zugkraft, so erhält man den Betrag der Gleitreibungskraft (Bild 2). Auf die Geschwindigkeit kommt es dabei nicht an. Wird Experiment 1 weitergeführt, so ergibt sich:

1. Die Gleitreibungskraft ist kleiner als die Haftreibungskraft. Die Oberflächen verzahnen sich beim Haften. Man muss zum „Angleiten" eine größere Kraft aufwenden, als zum Aufrechterhalten des Gleitens.
2. Je größer die Normalkraft F_N ist, desto größer ist auch die Gleitreibungskraft F_{GR}. F_{GR} und F_N sind einander proportional: $F_{GR} \sim F_N$.
3. Die Gleitreibungskraft hängt von der Oberflächenbeschaffenheit der beteiligten Körper ab.

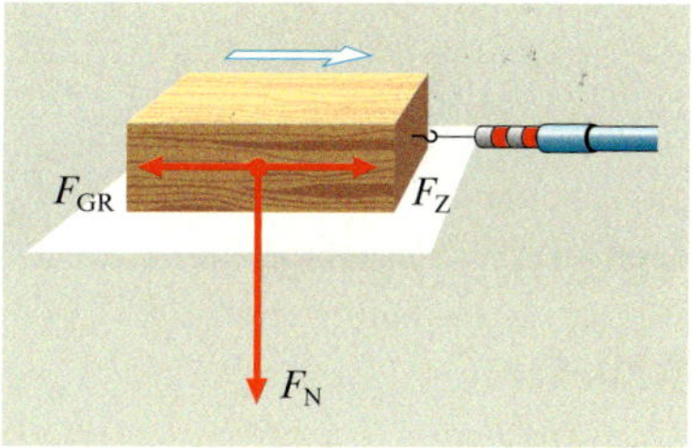

2

Hängt die Gleitreibungskraft davon ab, wie groß die Berührungsfläche zwischen den Körpern ist?

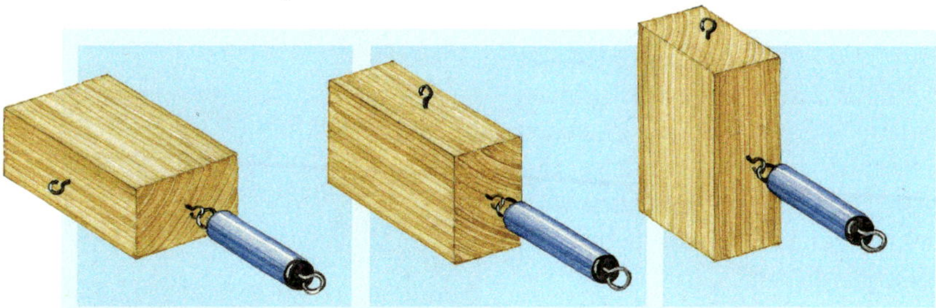

3

EXPERIMENT 2

Ziehe einen Quader auf allen seinen Seitenflächen mit gleich bleibender Geschwindigkeit über den Tisch. Miss jeweils die Zugkraft, die dafür notwendig ist!

Die Gleitreibungskraft hemmt die Bewegung zwischen aufeinander gleitenden Körpern. Gleitreibungskraft und Normalkraft sind einander proportional: $F_{GR} \sim F_N$. Die Gleitreibungskraft ist unabhängig von der Größe der Auflagefläche eines Körpers.

Blick in die **Natur**

Keine Bewegung ohne Reibung

Flüssigkeitsreibung. Der Regenwurm hat eine Hülle aus Schleim, die ihn feucht hält und das Gleiten in der Erde erleichtert. Schnecken erleichtern ihre Fortbewegung durch eine feuchte Kriechsohle am Fuß (Bild 1). Besonders aktiv sind Schnecken, wenn die Pflanzen nass sind.
Eisbären können sich auf dem glatten Eis geschickt bewegen, weil sie an ihren Fußflächen Haare haben (Bild 2). Dadurch entsteht eine ausreichend große Reibungskraft und sie rutschen nicht so leicht aus.
Zur Zeit der Schneeschmelze, bei Wolkenbrüchen oder bei Dauerregen treten verstärkt Erdrutsche auf (Bild 3). Der Boden wird stark mit Wasser durchtränkt. Zwischen dem Boden und der wasserundurchlässigen Schicht entsteht eine dünne Wasserschicht. Auf ihr gleitet die feuchte Erde hinab und kann großen Schaden anrichten.

1

Flüssigkeitsreibung begünstigt die Fortbewegung der Schnecke.

2

Schwimmender Eisbär. Die Haare an den Laufsohlen ermöglichen das Laufen auf Eisflächen.

3

Erdrutsch. Sehr starke Regenfälle führten dazu, dass die obere Erdschicht nach unten rutschte.

4

Das Wasser in der Rutschrinne vermindert die Reibung – ohne Wasser würde es auch ungemütlich heiß werden.

Sicheres Gehen. Bild 5 zeigt den Schuh einer Person, die gerade losläuft: Das Bein drückt den Schuh nach hinten. Die Haftreibung zwischen Sohle und Boden verhindert, dass der Schuh nach hinten gleitet. Die Reibungskraft, die auf den Schuh wirkt, ist in diesem Fall nach vorn gerichtet. Die Haftreibung als Gegenkraft wirkt über die Schuhe in umgekehrter Richtung. Solange die Kraft, die auf den Untergrund wirkt, nicht größer ist als die größtmögliche Haftreibungskraft zwischen Schuh und Untergrund, ist ein sicheres Gehen möglich. Auf einer Eisfläche oder feuchtem Laub muss man also gefühlvoll losgehen.
Nicht die Kraft auf den Untergrund bewegt uns vorwärts, sondern die Haftreibungskraft als Gegenkraft zu ihr. Aber nur wenn sie wirkt, kann die Haftreibungskraft als Gegenkraft entstehen.

5

Haftreibung beim Laufen

Reibung im Straßenverkehr

Reifen. Sicheres Autofahren setzt einen festen Halt der Reifen auf der Fahrbahn voraus. Bei nassem oder eisigem Untergrund drehen die Antriebsräder beim Anfahren durch. Und beim Bremsen fehlt der Halt zum Stehenbleiben.
Im Bild 2 ist die Haftreibung eines Autoreifens bei unterschiedlichen Fahrbahnen eingezeichnet. Außerdem ist der dazugehörige Bremsweg s_B dargestellt, den ein Fahrzeug bei einer Anfangsgeschwindigkeit von $v_0 = 50\,km/h$ (mit ABS) benötigen würde.

1

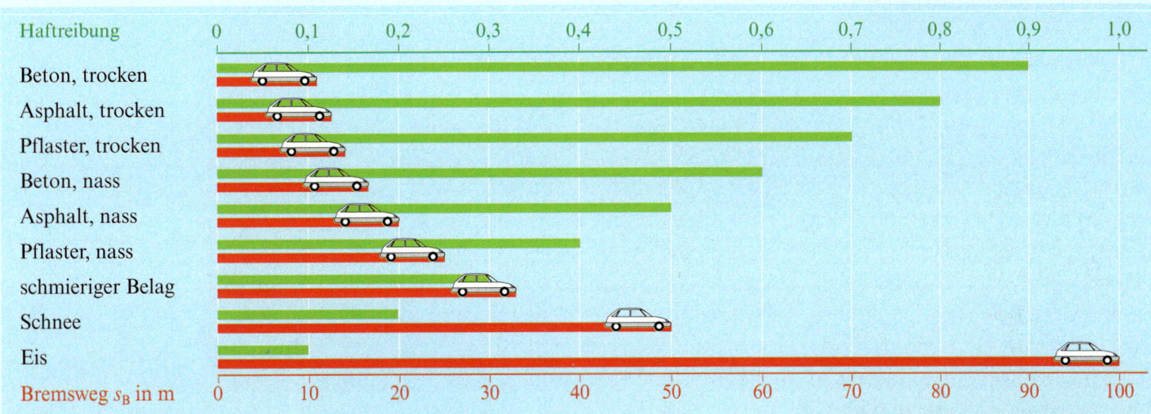

2

Rennwagen fahren mit weichem Reifenmaterial mit wenig Profil (Bild 1). Solche Reifen haben einen sehr hohen Verschleiß, ermöglichen jedoch extremes Bremsen, Beschleunigen und Kurvenfahren. Allerdings sind sie nur für trockene Straßen geeignet. Denn bei Regen müssen Profile dafür sorgen, dass das Wasser durch die Rillen nach außen abfließen kann. Steht zu viel Wasser auf der Straße und ist das Profil abgefahren, so bildet sich bei hoher Geschwindigkeit zwischen Fahrbahn und Reifen ein Wasserkeil. Das Auto schwimmt auf einer Wasserschicht. Es ist weder zu lenken noch zu bremsen. Diese gefährliche Wasserglätte heißt **Aquaplaning** (Bild 3).

3

Bremsen. Bei einem Auto mit Scheibenbremsen befindet sich an den Rädern eine Stahlscheibe, die sich mitdreht. An diese Bremsscheibe werden beim Bremsen von beiden Seiten mit großer Kraft die Bremsbeläge gepresst. Durch die Gleitreibung zwischen Scheibe und Belag wird das Rad abgebremst. Gleichzeitig bewirkt die Haftreibung zwischen Straße und Reifen, dass das Auto langsamer wird und zum Stillstand kommt.
Wenn die Räder bei starkem Bremsen blockieren, wird das Fahrzeug durch Gleitreibung zwischen Reifen und Straße abgebremst. Die Gleitreibungskraft ist aber geringer als die Haftreibungskraft, die Bremswirkung also nicht mehr so groß. Außerdem lässt sich das Fahrzeug nicht mehr lenken. Man muss die Bremse loslassen, damit die Räder wieder rollen und lenkbar werden. Das **Anti-Blockier-System (ABS)** regelt solch stotterndes Bremsen mit einem Computer. Hiermit lässt sich auch auf nassen oder vereisten Straßen ein Blockieren der Räder verhindern.

4
Glühende Bremsscheiben nach starkem Bremsen

Projekt

Sicheres Radfahren

Als Fahradfahrer lebt ihr im Straßenverkehr immer stark gefährdet. Ihr werdet oft übersehen und habt kein schützendes Blech um euch herum. Daher müsst ihr versuchen, euch durch reflektierende Kleidung bemerkbar zu machen und Schutzhelme tragen. Auf jeden Fall muss die Bremsanlage an eurem Fahrrad intakt sein. Aber manchmal schützt auch das beste Fahrrad nicht vor einer Gefahr: Der Straßenbelag kann einen Strich durch die Rechnung machen – und man muss schnell reagieren können!

AUFTRAG 1

Untersucht auf dem Schulhof oder auf dem Sportplatz, wovon der Bremsweg abhängt!

Ein Radfahrer (mit Helm, Arm- und Knieschützern!) fährt mit unterschiedlichen Geschwindigkeiten: 5 km/h, 10 km/h, 15 km/h, 20 km/h auf verschiedenen Belägen: Asphalt, Sand, Rasen (u. a. auch mit Wasser befeuchtet) bis zu einer Markierung und bremst dann voll mit der Hinterradbremse. Vorher alles absperren und üben!

Messt jeweils den Bremsweg s_B. Tragt die Geschwindigkeiten und die zugehörigen Bremswege in eine Tabelle ein und stellt ein Diagramm her. Zeichnet nun Kurven für die unterschiedlichen Bodenbeläge. Verwendet für weitere Messungen auch Fahrräder mit anderen Reifen (Slicks, Stollenreifen) und vergleicht!

1

Anhalteweg ist nicht gleich Bremsweg. Wenn ein Kind plötzlich auf eine Fahrbahn läuft, ist der Weg bis zum Anhalten des ankommenden Fahrzeuges länger als der Bremsweg. Man muss die Reaktionszeit einkalkulieren. Bis man auf die Bremse tritt, rollt das Fahrzeug mit unverminderter
Geschwindigkeit weiter: bei 36 km/h sind das 10 Meter in der Sekunde!

AUFTRAG 2

Messt eure eigene Reaktionszeit! Einer lässt ein Lineal fallen und die Testperson muss es fangen (Bild 2).

Aus dem Fallweg könnt ihr die Fallzeit gemäß der Tabelle bestimmen.

Wie weit rollt ihr bei 36 km/h während eurer Reaktionszeit?

Fallweg	Fallzeit
5 cm	0,10 s
10 cm	0,14 s
15 cm	0,17 s
20 cm	0,20 s
25 cm	0,23 s
30 cm	0,25 s

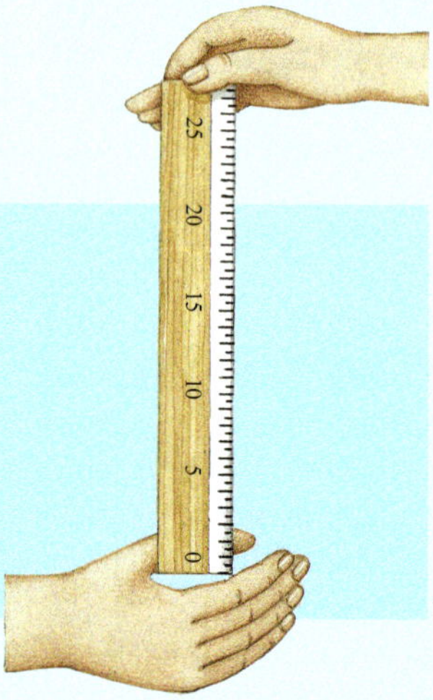

2

Weitere Aufträge

1. Die Haftreibung spielt auch eine Rolle, wenn man sich in die Kurve legt. Probiert auf unterschiedlich rutschigen Belägen, wie kurvensicher sie sind!
2. Wo befinden sich auf eurem Schulweg Stellen mit gefährlich niedriger Haftreibung? Lässt sich Abhilfe schaffen?
3. Überprüft einmal eure Bremsanlage! Sind die Bremsen schwer zu betätigen, herrscht eventuell zu viel Reibung in den Bremszügen. Sind die Vorderbremsen intakt? – Beim Schieben des Fahrrades sollten sie das Vorderrad leicht blockieren können. Wie ist der Zustand der Bremsgummis?

Weißt du es ? Kannst du es

1. Beschreibe eine Situation, in der die Zugkraft kleiner ist als die Gleitreibungskraft! Wie verändert sich die Bewegung des Körpers?
2. Im täglichen Leben und in der Technik ist Gleitreibung meist unerwünscht. Haftreibung hingegen ist häufig nützlich oder sogar lebenswichtig.
   Erläutere den Unterschied der Reibungsarten an Beispielen!
3. Wozu reiben sich Turner vor ihrer Barrenübung die Hände und das Gerät mit Magnesiapulver ein?

1

4. Beim Fahrradfahren spielt Reibung an mehreren Stellen eine Rolle. Wo ist sie von Vorteil und wo von Nachteil?
5. Erläutere die Wirkungsweise eines Anti-Blockier-Systems (ABS)!
6. Begründe anhand deiner Kenntnisse über Temperatur und Aufbau der Stoffe, dass die Reibung zur Erwärmung der beteiligten Körper führt!
7. Warum fahren Rennwagen meist mit wenig Profil auf den Reifen? Wann nicht und warum?
8. Erläutere die Funktionsweise von Scheibenbremsen am Auto!
9. Das Auto sitzt im Schnee fest. Die Hinterräder drehen durch. Tim schlägt vor, sich auf den Kofferraum zu setzen. Julia will Sand unter die Räder bringen.
   Was bewirken die beiden Methoden?
10. Gegen die Gleitreibungskraft von 200 N wird von Tom ein Schlitten mit Inka (Masse mit Schlitten 50 kg) mit einer bestimmten Geschwindigkeit in Bewegung gehalten. Welche Kraft muss er aufbringen, wenn Lukas (Masse 50 kg) auf den Schlitten aufspringt?
11. Warum rutschen nasse Gläser leichter aus der Hand als trockene?
12. Warum tragen Sprinter Spikes und Fußballspieler Noppen oder Stollenschuhe?

2

3

Kurz und knapp !

Reibung tritt an Grenzflächen zwischen Körpern auf.

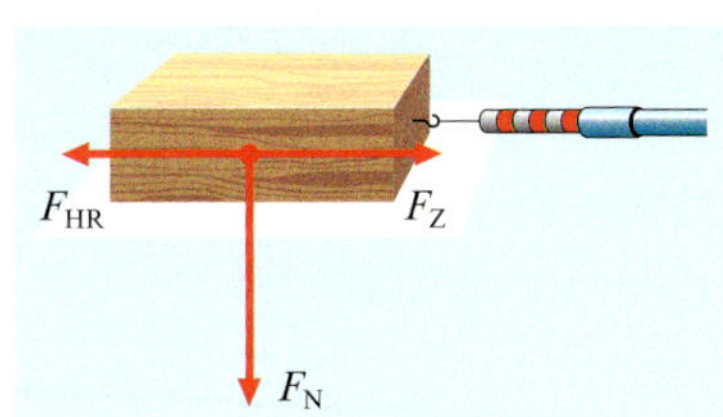

Haftreibung
Haftreibungskraft und Normalkraft sind einander proportional:
$F_{HR} \sim F_N$.

Gleitreibung
Gleitreibungskraft und Normalkraft sind einander proportional:
$F_{GR} \sim F_N$.
Die Gleitreibungskraft ist unabhängig von der Größe der Auflagefläche eines Körpers.

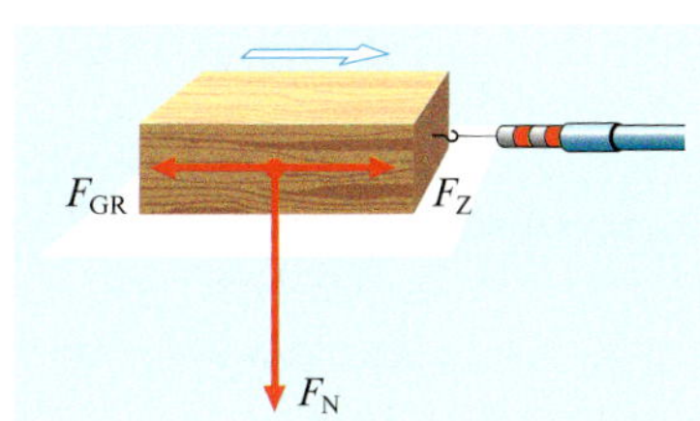

Unter vergleichbaren Bedingungen ist die Gleitreibungskraft kleiner als die Haftreibungskraft.

Kräfte in Alltag, Natur und Technik

1

2

3

In der zurück liegenden Zeit habt ihr viel über Kräfte erfahren. Ihr wisst, dass Kräfte im Leben der Menschen von großer Bedeutung sind. Um einen umfassenden Überblick über die vielfältigen Zusammenhänge, in denen Kräfte auftreten oder in Apparaten wirken, zu bekommen, solltet ihr euch noch etwas intensiver mit Kräften, ihrem Nachweis, ihre Messung und ihrer Anwendung beschäftigen.
Dazu solltet ihr einfache Exprimente entwerfen, aufbauen und durchführen sowie einfache Geräte basteln, die die Bedeutung der Kräfte erkennen lassen. Diese Anordnungen könntet ihr dann euren Mitschülern vorführen und erklären.

4

Zunächst könntet ihr gemeinsam überlegen, welche einfachen Anordnungen und Geräte ihr zusammenstellen oder herstellen wollt. Bildet dabei Gruppen von 2 bis 3 Schülerinnen oder Schülern. Ihr werdet sehen, dass euch vor allem in den Gesprächen viele gute Gedanken kommen. Auf diese Weise entwickeln auch Naturwissenschaftler und Techniker, aber auch viele andere Gruppen von Menschen neue Ideen.

Denkt darüber nach und sprecht darüber, wie ihr diese Aufgaben am besten lösen könnt. Ihr könnt auch zu Hause an euren Ausstellungsstücken weiterarbeiten. Vielleicht habt ihr dort sogar bessere Arbeitsbedingungen als in der Schule und vielleicht findet ihr auch Interesse, Hilfe und Unterstützung von anderen Personen.

5

Geeignete Bücher und das Internet können euch bei der Arbeit eine große Hilfe sein. Holt euch Rat von älteren Mitschülern, Eltern, Verwandten und Spezialisten, die in der Forschung und in der Technik arbeiten.

Bevor ihr ans Bauen oder Aufbauen eurer Apparaturen geht, solltet ihr einfache Skizzen anfertigen, in denen ihr eure Ideen darstellt. Dadurch könnt ihr vielleicht schon Fehler erkennen und rechtzeitig beheben. Arbeitet sorgfältig. Schließlich sollen ja die Ergebnisse eurer Arbeit einem großen Publikum präsentiert werden. Achtet auf mögliche Gefahren bei euren Arbeiten und macht euch gegenseitig darauf aufmerksam!

Auf der nachfolgenden Seite findet ihr einige Anregungen und Tipps für einfache Experimente.

1 Herstellen eines Federkraftmessers

1. Fertigt aus einem Papp- oder Kunststoffrohr und einer weichen Schraubenfeder einen Kraftmesser an.
2. Klebt in die eine Öffnung des Rohres ein zylinderförmiges Holzstück, durchbohrt es und steckt das eine Ende der Feder durch die Bohrung.
3. Biegt das Federende zu einer Öse und verklebt die Feder in dem Holzstück.
4. Schiebt auf das andere Ende der Feder ein dünneres Rohrstück, das einige Zentimeter kürzer als das erste ist. Befestigt daran in gleicher Weise mit einem Holzstück das gestreckte und danach zu einem Haken gebogene Federende.
5. Befestigt die Feder an einem Stativ und hängt nacheinander 50-g-Wägestücke an die Feder. Die Stelle, an der sich das untere Ende des inneren Rohres bei einer Belastung von 100 g, 200 g, 300 g usw. befindet,wird mit 1 N, 2 N, 3 N usw. beschriftet.
6. Messt mit eurem Federkraftmesser die Gewichtskraft kleiner Körper.
7. Messt auch die magnetische Kraft z. B. an einer Kühlschranktür bzw. Schranktür mit Magnetverschlüssen.

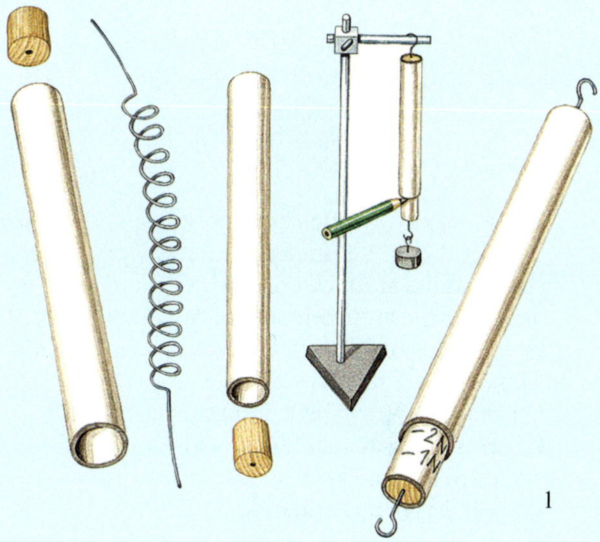

1

2

2 Messen von Muskelkräften

1. Befestigt eine große feste Rolle an einem stabilen Geländer.
2. Legt über die Rolle ein festes Seil.
3. Befestigt an einem Ende des Seils den Henkel eines Wassereimers, verseht das andere Ende mit einer Schlaufe.
4. Fasst in die Schlaufe und stellt euch so auf, dass der gestreckter Arm horizontal an dem Seil ziehen kann.
5. Füllt den Eimer zunächst mit 1 l Wasser, dann mit 2 usw.
6. Zieht dann die Hand bis an die Brust heran. Die wirkende Kraft beträgt 10 N, 20 N usw.

3 Messen der Zugkraft von Fahrzeugmodellen

1. Bringt an den Enden eines dünnen Bindfadens je eine Schlaufe an.
2. Befestigt eine Schlaufe am hinteren Teil eines Fahrzeugmodells.
3. Hängt in die andere Schlaufe einen Fedekraftmesser ein.
4. Haltet den Federkraftmesser horizontal in einer solchen Höhe, dass auch der Faden horizontal verläuft.
5. Schaltet das Fahrzeugmodell ein und lest die Zugkraft ab.
6. Wiederholt das Experiment mit anderen Fahrzeugmodellen. Notiert die Messwerte in einer Tabelle.

3

Mechanische Arbeit und Leistung

1

Bei der Verbreiterung einer Autobahn fallen viele Arbeiten an: Für die neue Fahrbahn muss der Mutterboden entfernt werden. Schotter und Kies müssen aufgebracht werden. Den gesamten Untergrund muss man verfestigen. Zum Lösen dieser Aufgaben muss eine große Arbeit verrichtet werden. Was heißt „Arbeit verrichten" und wie kann man die Arbeit berechnen?

Mechanische Arbeit

Beim Autobahnbau muss eine Planierraupe die Erde oft viele Meter weit schieben und dabei gleichmäßig verteilen. Dabei muss sie teilweise eine große Kraft aufbringen. Je größer die aufgewandte Kraft ist, umso größer ist auch die verrichtete Arbeit. Außerdem nimmt die Arbeit zu, wenn der Weg größer wird.
Anja und Jan wollen ihre Koffer transportieren (Bild 2). Dabei kann man gut die Zusammenhänge erkennen. Anja hat einen kleinen Koffer. Sie braucht nur mit einer Kraft von 20 N zu schieben. Jan, der einen größeren Koffer hat, benötigt dazu mehr Kraft, nämlich 40 N. Das ist doppelt so viel wie bei Anja. Wie viel Arbeit Jan und Anja verrichten müssen, hängt weiterhin von der Länge des Weges ab, auf dem sie die Koffer bewegen. Je länger der Weg ist, umso größer ist die verrichtete Arbeit. Bei einem doppelt so großen Weg ist auch die verrichtete Arbeit doppelt so groß.

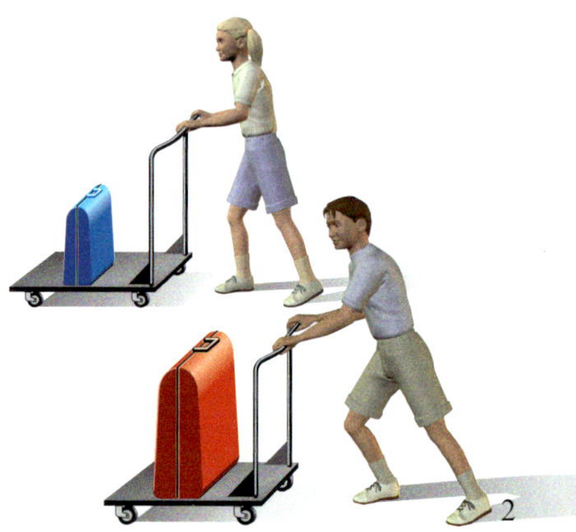
2

Gleichung für die mechanische Arbeit. Die mechanische Arbeit wird nach der Gleichung $W = F \cdot s$ berechnet. Dabei ist s der Weg, auf dem der Körper bewegt wird. F ist die Kraft, die längs dieses Weges wirkt.

Gleichung zur Berechnung der mechanischen Arbeit: $W = F \cdot s$.

Die Kraft wird in der Einheit Newton (N) gemessen, der Weg in der Einheit Meter (m). So ergibt sich als Einheit für die Arbeit Newtonmeter (N · m). Statt dieser Einheit benutzt man oft auch die Einheit Joule (J). Es gilt: 1 J = 1 N · m. Diese Einheit wurde nach dem englischen Physiker James Prescott Joule (1818 bis 1889) benannt.

Beispiel zur Berechnung der mechanischen Arbeit

Eine Planierraupe schiebt einen Haufen Muttererde 15 m weit mit einer Kraft von 10 000 N. Welche mechanische Arbeit muss sie dabei verrichten?

Gesucht: W in N · m

Gegeben: $F = 10\,000$ N
$s = 15$ m

Lösung: $W = F \cdot s$
$W = 10\,000 \text{ N} \cdot 15 \text{ m}$
$\underline{\underline{W = 150\,000 \text{ N} \cdot \text{m}}}$

Ergebnis: Die Planierraupe hat eine Arbeit von 150 000 N · m verrichtet.

Mit der Gleichung kann man auch die von Anja und Jens an ihren Koffern verrichtete Arbeit berechnen.
Wenn Anja ihren Koffer 100 m weit schiebt, dann hat sie genau die gleiche Arbeit verrichtet, die Jens aufwenden muss, um ihn 50 m weit zu bewegen.

Für Anja gilt: $W_A = 20 \text{ N} \cdot 100 \text{ m}$, $W_A = 2000 \text{ N} \cdot \text{m}$
Für Jens gilt: $W_J = 40 \text{ N} \cdot 50 \text{ m}$, $W_J = 2000 \text{ N} \cdot \text{m}$

ÜBRIGENS

Außerhalb der Physik spricht man auch von Arbeit, wenn jemand z. B. einen Computer bedient oder ein Kassierer Geld auszahlt. In der Physik wird dagegen nur von einer mechanischen Arbeit gesprochen, wenn sich ein Körper durch die Einwirkung einer Kraft längs eines Weges bewegt.

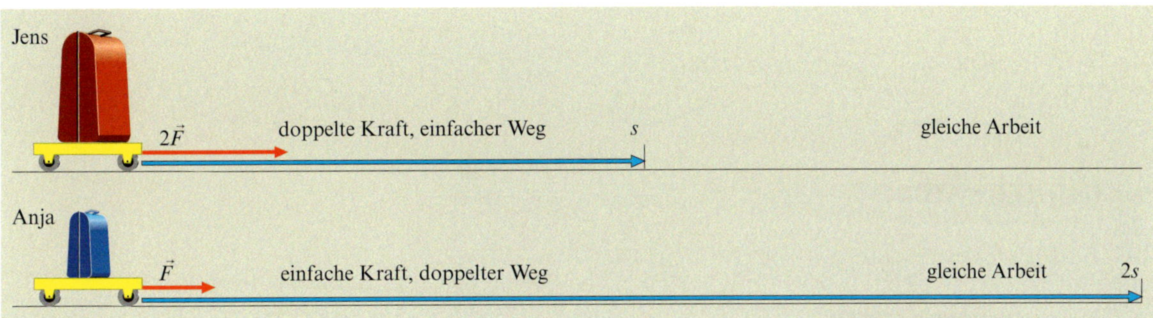

1

Hubarbeit. Bei der Renovierung eines Gebäudes befördert ein Bauaufzug Zement in die verschiedenen Etagen. Der Zement ist schwer. Um ihn nach oben zu transportieren, ist Arbeit erforderlich. Diese Arbeit verrichtet ein Elektromotor. Er muss so lange arbeiten, bis sich der Aufzug in der entsprechenden Etage befindet. Sind es bis zur Etage 10 m, so muss der Motor 10 m Seil auf die Trommel aufwickeln. Diese schwere Arbeit kann auch von Menschen verrichtet werden. Auch sie müssen das Seil, an dem die Last hängt, 10 m nach oben bewegen.
Einen solchen Vorgang kann man mit einem Experiment nachvollziehen:

2
Elektrisch betriebener Bauaufzug

EXPERIMENT 1

1 Befestige eine Rolle am oberen Ende eines langen Stativs!
2 Lege über die Rolle einen etwa 1 m langen Faden mit Schlaufen an den Enden!
3 Befestige an dem einen Ende einen schweren Körper (Stein, Holzklotz, Wägestück)!
4 Bringe am anderen Ende des Fadens einen Federkraftmesser an und ziehe damit den Körper langsam nach oben!
5 Beobachte dabei den zurückgelegten Weg und die vom Federkraftmesser angezeigte Kraft!

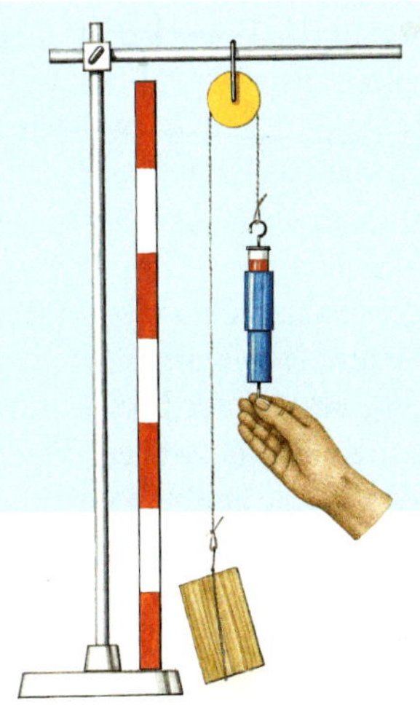
3

Die Arbeit, die zum Heben eines Körpers notwendig ist, nennt man Hubarbeit. Die Hubarbeit ist umso größer, je schwerer der Körper ist und je höher er gehoben wird. Zementsäcke sind sehr schwer. Deshalb muss der Bauaufzug auch eine große Arbeit verrichten. Dämmstoffplatten sind dagegen relativ leicht. Sollen sie nach oben befördert werden, so ist dafür nur eine kleinere Arbeit erforderlich. Je höher die Etage ist, bis zu der der Bauaufzug fährt, umso größer ist auch die verrichtete Arbeit.

1

Da die mechanische Arbeit das Produkt aus dem Weg s und der Kraft F in Wegrichtung ist, gilt für die Hubarbeit die Gleichung $W = F_G \cdot h$.

Für die Hubarbeit gilt die Gleichung $W = F_G \cdot h$.

Mit dieser Gleichung kann man z. B. berechnen, wie groß die vom „Gewichtheber" verrichtete Arbeit ist.
Beträgt die Masse 200 kg (das entspricht einer Gewichtskraft von 2 000 N) und die Hubhöhe 1,60 m, so beträgt die Hubarbeit
$W = F_G \cdot h$
$W = 2\,000\,\text{N} \cdot 1{,}60\,\text{m}$
$W = 3\,200\ \text{N} \cdot \text{m}$.

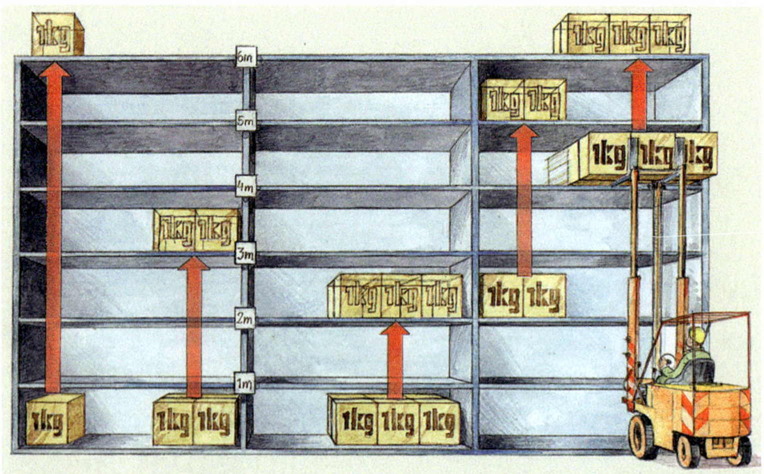

2

Die physikalische Größe Hubarbeit, am Beispiel eines Regals.
1-, 2- oder 3-kg-Stücke werden unterschiedlich hoch gehoben.
In allen Fällen beträgt die Arbeit 60 N · m.

Verformungsarbeit. Um einen Bogen zu spannen (Bild 3), muss man sich anstrengen. Man muss Arbeit verrichten. Diese Arbeit nennt man Verformungsarbeit. Sie ist umso größer, je weiter die Sehne des Bogens ausgelenkt wird.

3

Zum Spannen eines Bogens muss Arbeit verrichtet werden.

Geschwindigkeitsänderung von Körpern. Damit sich ein Fahrrad auf einem horizontalen Weg in Bewegung setzt, muss man kräftig in die Pedale treten und damit Arbeit verrichten. Beim Anfahren eines Autos gibt der Fahrer Gas. Der Motor verrichtet eine große Arbeit, wenn sich der Pkw in Bewegung setzt.
Sollen Fahrrad oder Auto immer schneller werden, so muss weiterhin Arbeit verrichtet werden. Der Radfahrer bzw. der Automotor müssen weiter Energie an die Fahrzeuge abgeben.

Mechanische Leistung

Mit einem Fahrstuhl kann man in ein höheres Stockwerk fahren. Dabei verrichtet der Fahrstuhl mechanische Arbeit. Hätte der Fahrstuhl einen zu schwachen Motor, so könnte es 3 Minuten dauern, bis man vom Erdgeschoss in die 3. Etage gelangt. Das wäre eine viel zu lange Zeit. In diesem Falle wäre der Fahrstuhl keine Hilfe. Der Motor ist dann zwar in der Lage, die erforderliche Arbeit zu verrichten, es würde aber zu lange dauern. Im täglichen Leben kommt es deshalb oft darauf an, wie schnell eine Maschine eine bestimmte Arbeit verrichtet. Die physikalische Größe, die angibt, wie schnell eine Arbeit verrichtet wird, nennt man Leistung. Das Formelzeichen der Leistung ist P (engl. *power*).
Um zu berechnen, wie viel mechanische Arbeit in einer bestimmten Zeit verrichtet wird, muss man die Arbeit durch die zugehörige Zeit.

1

Die mechanische Leistung kennzeichnet, wie schnell eine mechanische Arbeit verrichtet wird.
Gleichung für die Berechnung der mechanischen Leistung $P=\frac{W}{t}$.

Setzt man in dieser Gleichung für die Arbeit die Einheit Joule und für die Zeit die Einheit Sekunde ein, so erhält man als Einheit für die Leistung Joule je Sekunde. Anstelle dieser Einheit wird auch die Einheit Watt (W) verwendet. Sie wurde nach dem Erfinder der Dampfmaschine JAMES WATT (1736–1819) benannt.

$1\,\text{W} = 1\,\frac{\text{J}}{\text{s}}$ 1 000 W = 1 kW (Kilowatt)
1 000 000 W = 1 000 kW = 1 MW (Megawatt)

Für alle Maschinen, die mechanische Arbeit verrichten, kann man die Leistung angeben. Auch beim Menschen ist die Angabe der Leistung möglich.

Zu welcher Leistung sind Menschen fähig – physikalisch gesehen?
Wie groß ist die Leistung eines Gewichthebers, der in 2 Sekunden eine Masse von 200 kg um 1,60 m hochhebt?

Gesucht: P in W
Gegeben: $m = 200\,\text{kg}$
$F_G = 2\,000\,\text{N}$
$h = 2\,\text{m}$
$t = 2\,\text{s}$

Lösung: $P = \frac{W}{t} = \frac{F \cdot s}{t}$

$P = \frac{2\,000\,\text{N} \cdot 1{,}60\,\text{m}}{2\,\text{s}}$

$P = 1\,600\,\text{W} = 1{,}6\,\text{kW}$

Ergebnis: Der Gewichtheber erbringt eine Leistung von 1,6 kW.

Natürlich kann ein Mensch nur kurzzeitig eine so große Leistung realisieren. Folgende Leistungen sind typisch:

langsames Gehen	30 W	Pkw-Motor	80 kW
geruhsames Bergsteigen	100 W	Lkw-Motor	300 kW
schnelles Radfahren	150 W	Schiffsmotor	100 MW
scenelles Treppensteigen	300 W	Kernkraftwerk	1 000 MW

2

Auf eines der höchsten Häuser der Welt, das 380 Meter hohe Empire State Building mit 102 Stockwerken und 1 575 Treppenstufen, finden Wettrennen im Treppenlaufen statt. Die Rekordzeit beträgt 647 Sekunden.

Lernen an Stationen

Beim Arbeiten an Lernstationen durchläuft jede Gruppe die verschiedenen Stationen nacheinander.
Etwas Vergleichbares kennt ihr sicherlich aus dem Sportunterricht – das Zirkeltraining.

Spielregeln für Lernstationen

1. Die Experimente beim Stationenlernen werden vorher nicht ausführlich besprochen. Verabredet nur, welche Gruppe mit welcher Station beginnt.
2. Jede Gruppe darf höchstens vier Teilnehmer haben. Das Team arbeitet an den Stationen in eigener Verantwortung.
3. Lest die vorliegende Aufgabenstellung genau durch und beachtet alle Anweisungen.
4. Die benötigten Geräte findet ihr an der Station.
5. Jede Gruppe wertet auf einem Ergebnisblatt die Experimente aus (siehe Muster unten).
6. Nach der Arbeit an einer Station räumt ihr auf und wechselt zu einer freien Station.
7. Ihr arbeitet an den Stationen völlig selbstständig. Euer Lehrer oder eure Lehrerin besucht die einzelnen Stationen, berät und hilft bei Problemen.
8. Da noch andere Gruppen im gleichen Raum arbeiten, müsst ihr leise miteinander sprechen.

ERGEBNISPROTOKOLL

Lernstationen zur Leistung Name: ______________________

Lernstation	Masse m in kg	Kraft F in N	Weg s in m	Hubarbeit $W = F \cdot s$ in J	Zeit t in s	Leistung $P = W/t$ in W
Stühle hochsteigen						
Treppen steigen						
Last hochziehen						
Gewichtheben						
Liegestütze						
Klimmzüge						

LERNSTATION 1

Was leistet ein Mensch beim Treppensteigen?

Materialien: Maßband (oder Zollstock), Stoppuhr oder Armbanduhr mit Sekundenanzeige, Personenwaage

Durchführung: Das Experiment wird im Treppenhaus durchgeführt. Messt die senkrechte Höhe der Treppe vom Erdgeschoss bis ins 2. Stockwerk. Vergesst nicht die Dicke der Geschossdecken. Ein Gruppenmitglied läuft möglichst schnell die Treppe hinauf, die anderen stoppen die Zeit.

Auswertung: Tragt die Messwerte für F, s und t in die Tabelle ein. Berechnet die beim Treppensteigen verrichtete Hubarbeit. Wie groß ist die Leistung?

LERNSTATION 2

Was leistet ein Mensch beim Hochziehen einer Last?

Materialien: Maßband, Stoppuhr, Waage, Seil, mit Wasser gefüllter Kanister (z. B. von Reinigungsmitteln)

Durchführung: Der Versuch wird im Treppenhaus durchgeführt. Messt die senkrechte Höhe vom Erdgeschoss bis ins x-te Stockwerk. Bestimmt die Kraft, die zum Heben des Kanisters nötig ist. Ein Gruppenmitglied zieht den Kanister möglichst schnell nach oben, die anderen stoppen die Zeit.

Auswertung: Tragt die Messwerte für F, s und t in die Tabelle ein. Berechnet die beim Hochziehen der Last verrichtete Arbeit. Wie groß ist die Leistung?

LERNSTATION 3

Was leistet ein Mensch beim Gewichtheben?

Materialien: Zollstock, Stoppuhr oder Armbanduhr mit Sekundenanzeige, Waage, Hantel

Durchführung: Bestimmt die Gewichtskraft der Hantel und bei jedem Gruppenmitglied die jeweilige Hubhöhe (Arm hängend – Arm gestreckt). Ein Gruppenmitglied stemmt die Hantel so oft wie möglich, die anderen zählen mit und stoppen die Zeit.

Auswertung: Tragt die Messwerte für F, s und t in die Tabelle ein. Berechnet die beim Hantelstemmen verrichtete Hubarbeit. Wie groß ist die Leistung?

LERNSTATION 4

Was kann ich beim Radfahren leisten?

Materialien: Fahrrad mit Tachometer
Aufgrund von Erfahrungswerten kann man den Zusammenhang zwischen Geschwindigkeit eines Fahrrades und erbrachter Leistung angeben:

P in Watt:	0	50	100	150	200	250	300
v in km/h:	0	16	23	27	30	33	35

Aufgabe:
1. Fertige aus den Werten ein Diagramm an!
2. Fahre jeweils 3 Minuten mit konstanter Geschwindigkeit und ermittele die zugehörige Leistung.
3. Welches ist deine maximale Leistung?

Auswertung: Beantworte auf der Rückseite des Ergebnisprotokolls in kurzer Form die Fragen.

LERNSTATION 5

Was leistet ein Mensch bei Liegestützen?

Materialien: Zollstock, Stoppuhr oder Armbanduhr mit Sekundenanzeige, Personenwaage

Durchführung: Messt zunächst bei jedem Gruppenmitglied, mit welcher Kraft es sich beim Liegestütz mit beiden Händen auf der Personenwaage abstützt.
Bestimmt an der Schulter die Hubhöhe.
Ein Gruppenmitglied macht Liegestütze, die anderen zählen mit und stoppen die Zeit.

Auswertung: Tragt die Messwerte für F, s und t in die Tabelle ein. Berechne die bei den Liegestützen verrichtete Hubarbeit. Wie groß ist deine Leistung?

LERNSTATION 6

Wer war JAMES WATT?

Materialien: Lexikon, Computer mit CD-ROM „Große Erfinder", Internet …

Aufgaben: Vor über 200 Jahren bestimmte JAMES WATT die „Pferdestärke". Er wollte die Dauerleistung seiner Dampfmaschinen mit der von Pferden vergleichen.

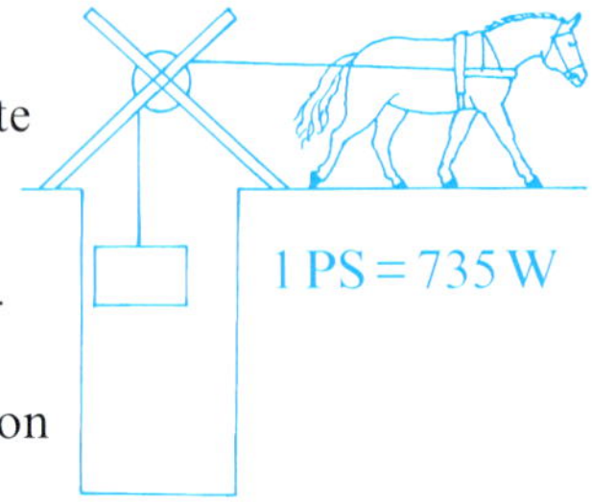

a) Beschreibe, wie JAMES WATT die „Pferdestärke" festlegte.
b) WATTS Begriff „Pferdestärke" stimmt eigentlich nicht. Wie müsste er richtig heißen?
c) Vergleiche die Spitzenleistung eines Radrennfahrers mit der Dauerleistung eines Pferdes.

Auswertung: Beantworte auf der Rückseite des Ergebnisprotokolls in kurzer Form die Fragen.

LERNSTATION 7

Was leistet ein Mensch bei Klimmzügen?

Materialien: Zollstock, Stoppuhr , Reckstange in der Turnhalle oder ein „Türreck"

Durchführung: Bestimmt bei jedem Gruppenmitglied durch Messen an der Schulter die Hubhöhe beim Klimmzug (hängend den Boden nicht berühren, evtl. die Beine anwinkeln). Jeder macht viele Klimmzüge, die anderen zählen mit und stoppen die Zeit.

Auswertung: Tragt die Messwerte für F, s und t in die Tabelle ein. Berechne die bei den Klimmzügen verrichtete Hubarbeit. Wie groß ist deine Leistung?

LERNSTATION 8

Was leistet ein Mensch auf dem Fahrradergometer?

Materialien: Taschenrechner

Aufgaben: Tom tritt am Ergometer 20 Sekunden voll in die Pedale. Die Anzeige am Gerät zeigt eine erarbeitete Energie von 6 kJ an. Tina hat in 3 Minuten eine Energie von 27 kJ erstrampelt.
Wer hat eine größere mittlere Leistung erbracht?
Warum gibt es bei der Leistung einen Unterschied?
Erkläre die Ursachen dafür?

Auswertung: Beantworte auf der Rückseite des Ergebnisprotokolls in kurzer Form die Fragen.

Weißt du es? Kannst du es

1. Eine Planierraupe schiebt einen Kieshügel mit einer Karft von 12 000 N 25 m vor sich her. Wie groß ist die verrichtete Arbeit?
2. Vom Motor eines Pkw wird im 5. Gang eine Kraft von 1 800 N auf die Räder des Fahrzeugs übertragen. Wie groß ist die verrichtete Arbeit nach einer Fahrt von 140 km?
3. Ein Spielzeugfahrzeug wird von einer Kraft von 3 N vorangetrieben. Auf der Rennbahn legt es eine Entfernung von 40 m zurück. Welche Arbeit hat es dabei verrichtet?
4. Ein Kran soll eine Betonplatte um 8 m anheben. Die Gewichtskraft der Platte beträgt 18 000 N. Wie groß ist die Hubarbeit?
5. Eine Rolltreppe befördert in einer Stunde 1 200 Menschen mit einer durchschnittlichen Gewichtskraft von 750 N um 8 m in die Höhe. Wie groß ist die verrichtete Arbeit?
6. Beim Rad fahren auf horizontaler Straße wendest du eine Kraft von 60 N auf. Wie groß ist die Arbeit, die du nach einer Strecke von 10 km verrichtet hast? Wie hoch muss ein Berg sein, den du besteigst, wenn dabei die gleiche Arbeit als Hubarbeit verrichtet wird, wenn deine Gewichtskraft 600 N beträgt?
7. Welche Arbeit verrichtet ein Getränkefahrer, der zum Beladen seines Lkw 100 Kisten ($m = 15$ kg) um jeweils 2 m nach oben hebt?
8. Ein Radfahrer benötigt für 200 m auf waagerechter Strecke 30 s. Seine mechanische Leistung beträgt 180 W.
   Wie groß ist die Kraft (Luftwiderstand und Reibung), die die Bewegung des Radfahrers hemmt?
9. Wie lange braucht eine Pumpe mit der Leistung 4 kW, um 1 000 Liter Wasser ($m = 1\,000$ kg) aus 20 m Tiefe zu fördern?
10. Wie groß ist die Leistung eines Bergsteigers (Masse 60 kg), wenn er einen Höhenunterschied von 500 m in 45 min überwindet?
11. Berechne die Leistung eines Hochspringers mit einer Masse von 75 kg, der seinen Körper in 0,2 s um 1,50 m anhebt!
12. Berechne die Leistung des Rekordläufers auf das Empire State Building (siehe S. 25)! (Höhe der Treppen: 315 m, $m = 70$ kg.)
13. Messt eure Zeit für das Treppenlaufen in einem mehrstöckigen Haus. Bestimmt die Höhe der Treppe und eure Leistungen! Hat der Schnellste auch die größte Leistung?
14. Von zwei Motoren werden gleich große mechanische Arbeiten verrichtet. Mit dem Motor 1 sind dafür 30 s erforderlich, mit dem Motor 2 sind es 60 s. Vergleiche die beiden mechanischen Leistungen!

Kurz und knapp!

Mechanische Arbeit. Für die mechanische Arbeit gilt: $W = F \cdot s$.
Dabei ist F die Kraft, die in Wegrichtung wirkt.
Einheit: Joule (J), $1\,\text{J} = 1\,\text{N} \cdot \text{m}$.

Gleichung für die Hubarbeit: $W = F_G \cdot h$

Mechanische Leistung. Die mechanische Leistung kennzeichnet, wie viel mechanische Arbeit in einer bestimmten Zeit verrichtet wird.

Für die mechanische Leistung gilt: $P = \frac{W}{t}$.

Einheit: Watt (W), $1\,\text{W} = 1\,\frac{\text{J}}{\text{s}}$.

In allen drei Fällen ist die an der Person verrichtete Arbeit gleich groß.

Kraftumformende Einrichtungen

1

Kräftig bläst der Wind in die Segel. Mit großer Anstrengung hält der Segler das Seil des Großsegels, die Schot.
Er reguliert, bei ständig wechselnden Winden, durch Nachgeben und Anziehen die Segelstellung.
So kann er jeweils eine optimale Geschwindigkeit des Bootes erreichen.
Die Schot wird mehrmals an Rollen umgelenkt.
Warum ist die Schot nicht direkt mit dem Segel verbunden?

Rollen

Kräfte braucht man oft an Stellen, die nur schwer zugänglich sind. Vielfach werden dann Seile und Rollen eingesetzt.
Um die Wirkung von Rollen zu verstehen, kann man versuchen, einen schweren Körper, einen Stein oder eine Kiste, auf unterschiedliche Weise anzuheben. Der Stein im Bild 2 hat eine Masse von 20,4 kg. Um den Stein anzuheben, muss eine Kraft von 200 N aufgewandt werden.
Über eine feste Rolle an der Decke kann man nun nach unten statt nach oben ziehen (Bild 3). Das erscheint vielleicht bequemer. Aber obwohl die Richtung umgelenkt wird, bleibt der Betrag der aufzuwendenden Kraft der gleiche. Eine feste Rolle ist bloß eine Umlenkrolle für die Richtung der Kraft, ändert aber nichts an deren Betrag.
Den Weg, um den sich der Stein beim Ziehen nach oben bewegt, nennt man **Lastweg.** Der Weg, den die Hand unten am Seil zurücklegt, nennt man **Kraftweg.** Kraftweg und Lastweg sind gleich groß: Soll der Stein um 1 m gehoben werden, muss man das Seil um 1 m nach unten ziehen.

Mithilfe einer festen Rolle und eines Seils kann man die Richtung einer Kraft ändern.
Kraft und Last sind gleich groß: $F_1 = F_2$.
Der Kraftweg ist gleich dem Lastweg: $s_1 = s_2$.

Mit welcher Kraft zieht die Rolle in Bild 3 an ihrer Aufhängung? Der Stein zieht mit einer Kraft von 200 N nach unten und an dem anderen Ende wird auch mit 200 N gezogen. Insgesamt wird die Rolle also mit 400 N nach unten gezogen. Sie zieht mit 400 N an ihrer Aufhängung. Genauso wäre es, wenn auf beiden Seiten je ein Stein von 20,4 kg hinge.

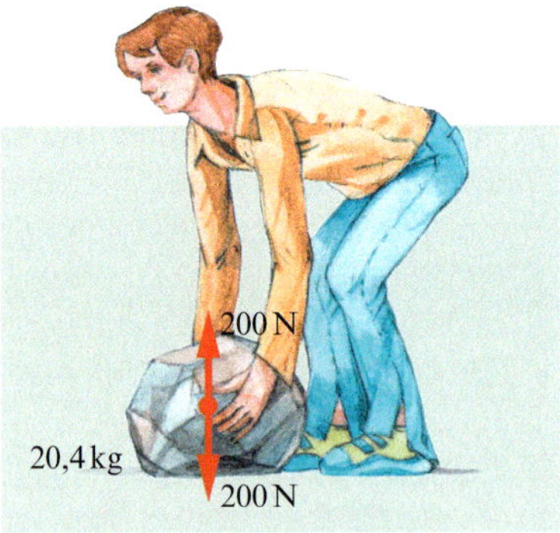

2

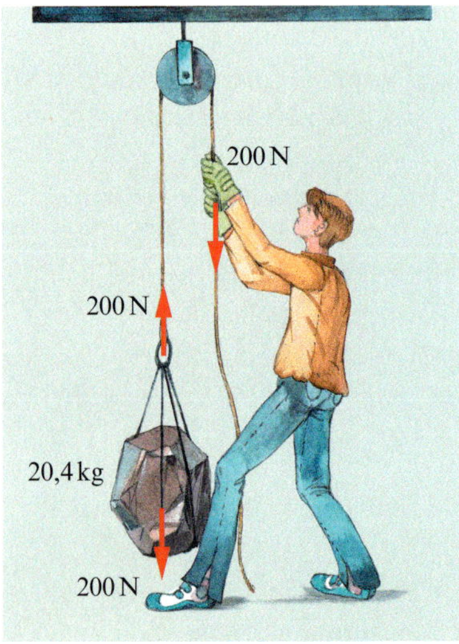

3

Bringt man nun an dem Stein eine lose Rolle an (Bild 1) und zieht nach oben, wirkt er nur noch halb so schwer.
Die Kraft zum Anheben des Steins wird auf zwei Seilstücke verteilt, wie beim gemeinsamen Tragen einer Tasche (Bild 2). Man muss nur noch die halbe Kraft aufbringen, um den gleichen Stein anzuheben.

1

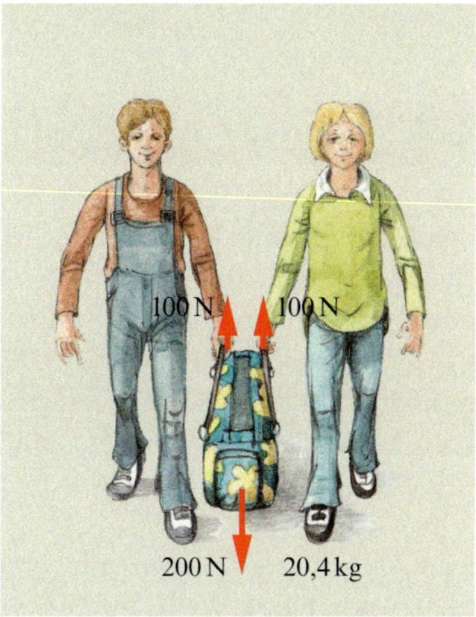

2

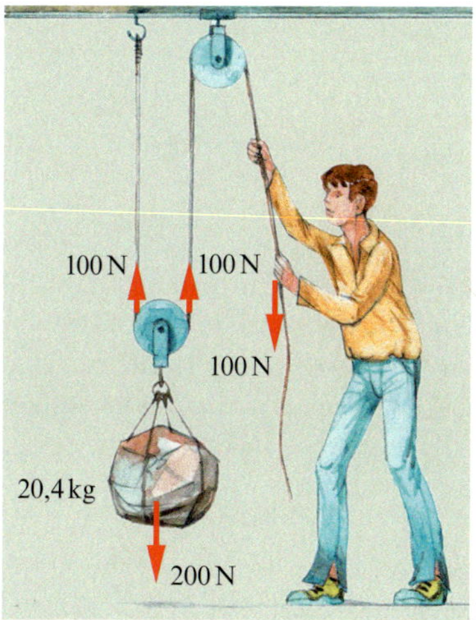

3

Etwas bequemer ist die Anordnung mit einer Umlenkrolle an der Decke in Bild 3. Mit einer nach unten gerichteten Kraft von 100 N zieht man eine Last von 200 N nach oben.
Der Zusammenhang zwischen Kraftweg und Lastweg bei der losen Rolle soll in einem Experiment untersucht werden:

EXPERIMENT 1

1 Baue die abgebildete Anordnung auf!
2 Halte das Seilende so, dass ein 1-kg-Wägestück über dem Boden hängt. Lies dabei die an den Federkraftmessern angezeigten Kräfte ab und vergleiche sie!
3 Ziehe das Wägestück nun langsam und gleichmäßig nach oben. Bestimme für einen Lastweg von 10 cm den Kraftweg!
4 Wiederhole diese Messungen für die Lastwege: 20 cm, 30 cm, 40 cm, 50 cm usw!
5 Trage alle Ergebnisse in eine Tabelle ein!

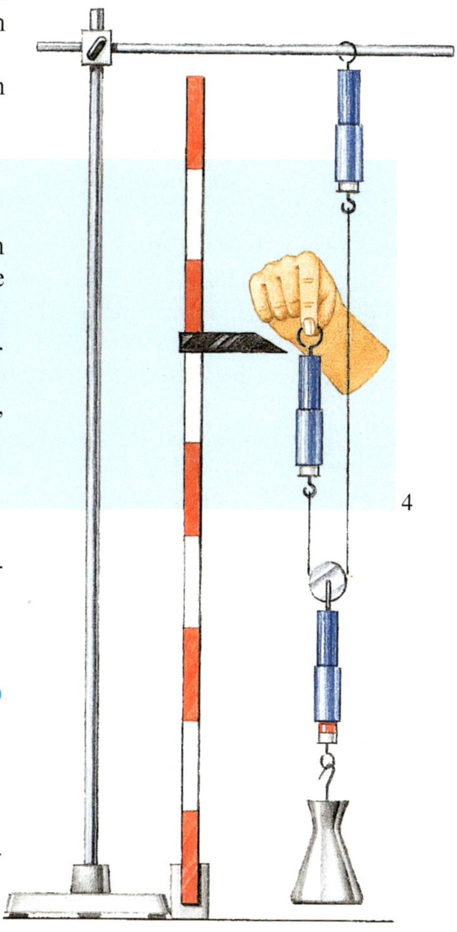
4

Die Messungen zeigen für die lose Rolle folgende allgemeine Zusammenhänge:

An einer losen Rolle verteilt sich die Last gleichmäßig auf zwei Seile.
An der losen Rolle braucht man zum Heben einer Last nur eine halb so große Kraft: $F_1 = \frac{1}{2} \cdot F_2$.
Der Kraftweg ist doppelt so groß wie der Lastweg: $s_1 = 2 \cdot s_2$.

Will man also wie im Bild 1 einen Stein über eine lose Rolle um 1 m anheben, so muss man das Seil um 2 m nach oben ziehen.

Flaschenzug

1

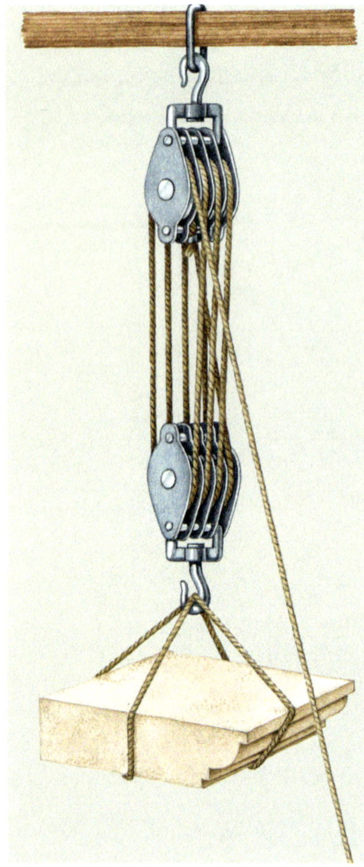
2

Bei einem Segelboot gibt es zwei feste Rollen (auch Blöcke genannt) am Schiff selbst: Eine auf der Travellerschiene und eine am Schiffsboden. Die beiden losen Rollen sind am beweglichen Baum angebracht (Bild 1). Der Baum des Segelbootes „hängt" an vier Seilstücken. Das heißt, die Last des Segels wird auf vier Seilstücke aufgeteilt. Damit beträgt die aufzuwendende Zugkraft an der Schot auch nur ein Viertel der Kraft am Segel: $F_1 = \frac{1}{4} \cdot F_2$.

Will man das Segel um 5 cm „dicht holen" (Lastweg), müssen alle vier Seilstücke dabei um 5 cm verkürzt werden. Man muss also die Schot um 20 cm anziehen (Kraftweg). Es gilt: $s_1 = 4 \cdot s_2$.

Im Falle einer größeren Anzahl von Rollen werden diese nicht mehr einzeln, sondern als System gebaut (Bild 2). Da diese Systeme oft die äußere Form einer Flasche haben, heißen solche Einrichtungen Flaschenzug.

Bei einem Flaschenzug mit einer Kombination von 3 losen und 3 festen Rollen gibt es 6 tragende Seilstücke (Bild 3). Zum Heben einer Last F_2 um den

Weg s_2 wird nur eine Kraft $F_1 = \frac{1}{6} \cdot F_2$ benötigt. Der Kraftweg ergibt sich zu: $s_1 = 6 \cdot s_2$.

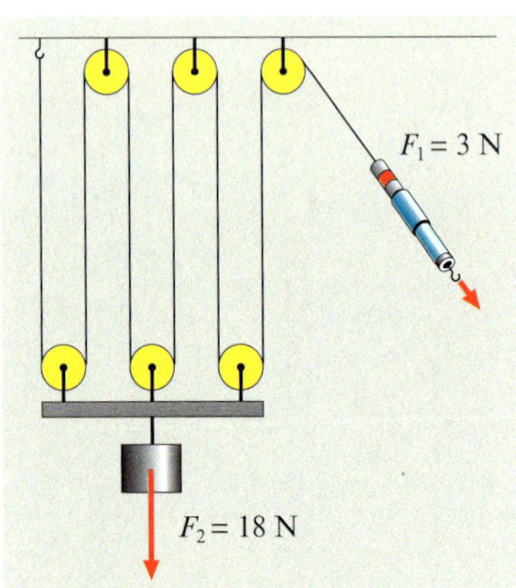

3

Hier gibt es 6 tragende Seilstücke.

4

Flaschenzug an einem Autokran

Die Gleichungen für die Kräfte gelten natürlich nur unter zwei Voraussetzungen:
- An den Rollen herrscht keine Reibung.
- Die losen Rollen tragen nicht zur Last bei.

SCHON GEWUSST?

Die Bezeichnungen feste und lose Rolle sind eigentlich willkürlich. Die mit der Decke oder dem Schiff direkt verbundenen Rollen nennt man „fest", die anderen „lose". Wichtig ist, dass sie gegeneinander beweglich sind und so unterschiedliche Last- und Kraftwege ermöglichen.

Hebel

Um eine Farbdose zu öffnen, kann man einen Schraubenzieher als Hebel benutzen. Auf den Deckel wirkt eine große Kraft, auch wenn am Griff des Schraubenziehers nur eine kleine Kraft aufgebracht wird (Bild 1).
Um einen schweren Stein zu heben, kann man eine stabile Eisenstange verwenden. Dabei gibt es zwei Möglichkeiten:
– man legt einen Gegenstand daneben und drückt nach unten (Bild 2)
– man fasst mit der Stange unter den Stein und zieht nach oben (Bild 3).
In jedem Fall benötigt man einen Drehpunkt. Die beiden Kräfte sollen in senkrechter Richtung zum Hebel wirken.
Die Erfahrung zeigt, dass man mit der Hand am langen Hebelarm einen großen Weg zurücklegen muss, um den Stein ein klein wenig anzuheben.

1

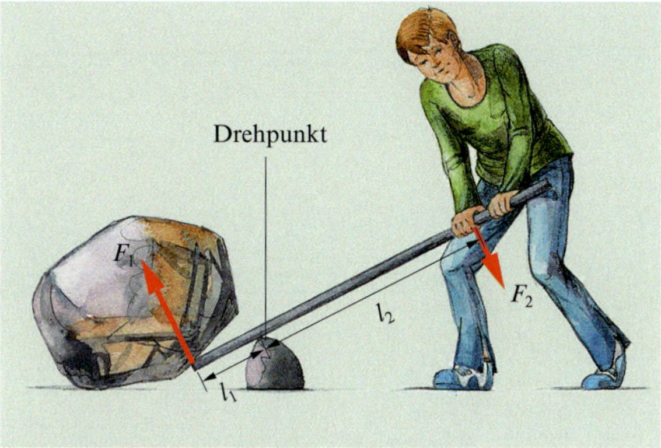

2

Beim **zweiseitigen Hebel** liegen die beiden Hebelarme beiderseits des Drehpunktes.

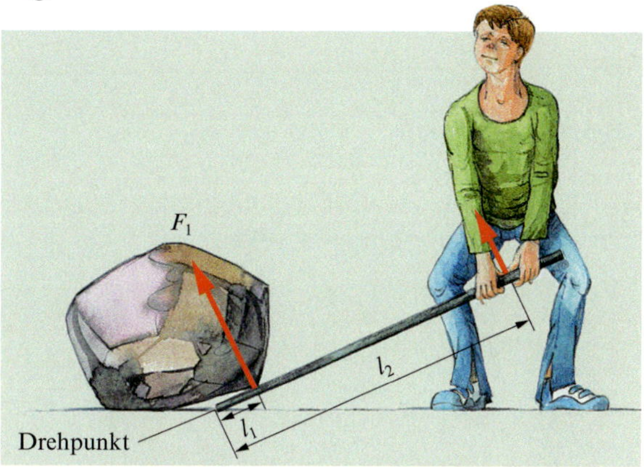

3

Beim **einseitigen Hebel** liegen beide Hebelarme vom Drehpunkt aus gesehen auf derselben Seite.

Auf der Wippe kann selbst ein leichtes Kind mit einem schweren Erwachsenen Gleichgewicht herstellen, wenn die Abstände zur Drehachse richtig gewählt werden. Welches physikalische Gesetz dahintersteckt, soll nun durch Messungen am zweiseitigen Hebel ermittelt werden.

EXPERIMENT 2

1 Es soll immer ein Gleichgewicht am zweiseitigen Hebel hergestellt werden. Hänge dazu rechts einen Körper mit bekannter Gewichtskraft F_1 im Abstand l_1 von der Drehachse an den Hebel!
2 Miss nun mit einem Federkraftmesser am linken Hebelarm die Kraft F_2 in verschiedenen Abständen l_2, die den Hebel in horizontaler Lage im Gleichgewicht hält!
3 Trage alle deine Messergebnisse in eine Tabelle ein!
4 Bestimme für jeden Gleichgewichtszustand beim rechten und beim linken Hebelarm das Produkt aus l und F!

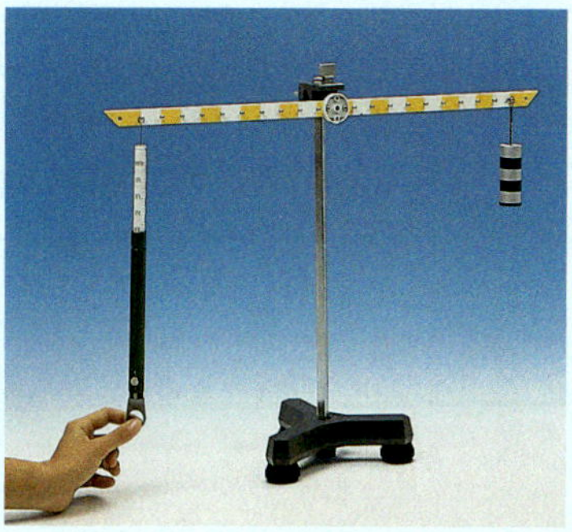
4

Aus den Ergebnissen lässt sich das **Hebelgesetz** erkennen:

Ein Hebel ist im Gleichgewicht, wenn die Produkte aus Kraft und zugehörigem Hebelarm auf beiden Seiten gleich groß sind: $F_1 \cdot l_1 = F_2 \cdot l_2$.

Beispiel für die Berechnung einer Kraft mit dem Hebelgesetz
Welche Muskelkraft ist erforderlich, um den angehobenen Stein mit der als Hebel benutzten Stange im Gleichgewicht zu halten (Bild 1)?

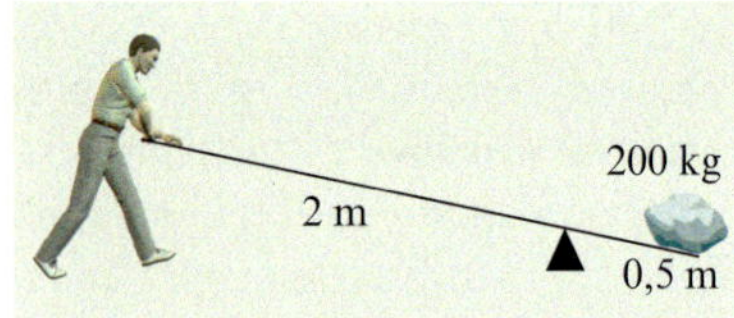

2

Analyse:

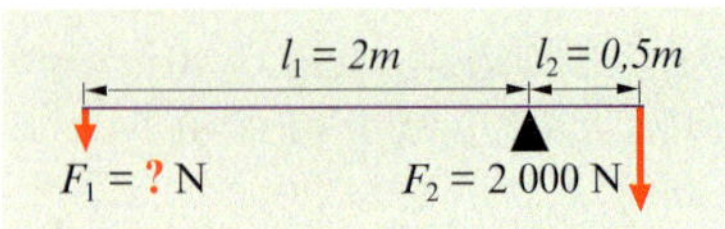

1

Gesucht: F_1

Gegeben:
$F_2 = 2\,000\,N$
$l_1 = 2\,m$
$l_2 = 0,5\,m$

Lösung: Das Hebelgesetz besagt: Die Produkte aus Kraft und zugehörigem Kraftarm sind auf beiden Seiten gleich groß.
$F_2 \cdot l_2 = 2\,000\,N \cdot 0,5\,m = 1\,000\,N$ und $F_1 \cdot l_1 = F_1 \cdot 2\,m = 1\,000\,N$
Daher beträgt $F_1 = 500\,N$.
Ergebnis: Um den Stein mit der als Hebel benutzten Stange im Gleichgewicht zu halten, ist eine Muskelkraft von 500 N erforderlich.

Geneigte Ebene

Was ist einfacher, ein schweres Getränkefass auf einen Lkw zu heben oder es eine Rampe hinaufzurollen?

3

Zum Anheben muss eine Kraft aufgebracht werden, die so groß ist wie die Gewichtskraft des Fasses. Wird das Fass die Rampe hinaufgerollt, muss weniger Kraft aufgebracht werden. Aber wie viel?
Zieht man einen Wagen einen Hang hinauf, so wirkt auf den Wagen eine Zugkraft F_Z. Die gleich große aber entgegengesetzt gerichtete Kraft heißt **Hangabtriebskraft F_H** (Bild 4).
Es soll untersucht werden, wie die Hangabtriebskraft an der geneigten Ebene von der **Neigung** abhängt. Die Neigung ist das Verhältnis $h:l$.

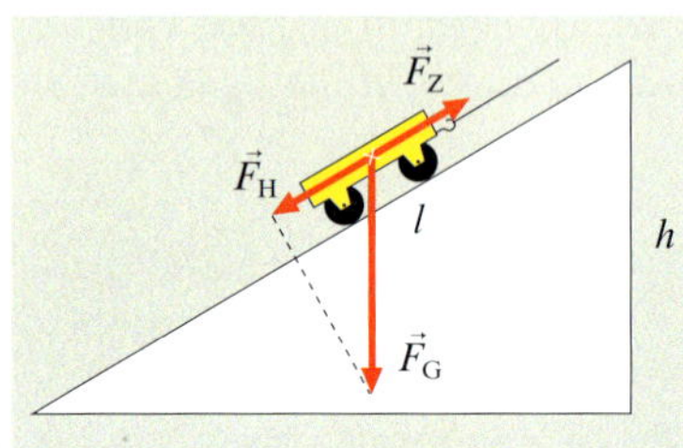

4

EXPERIMENT 3

1. Ziehe einen Wagen ($m = 100\,g$) gleichmäßig eine geneigte Ebenen hinauf! Verwende unterschiedliche Neigungen: $h:l = 1:10$, $3:10$, $5:10$, $10:10$. Miss die jeweilige Hangabtriebskraft F_H. Notiere die Messwerte in einer Tabelle!
2. Ziehe Wagen unterschiedlicher Masse (100 g, 200 g, 300 g) auf ein und derselben geneigten Ebene hoch und miss die Hangabtriebskräfte. Trage in eine Tabelle die Messwerte und die zugehörigen Gewichtskräfte F_G ein!

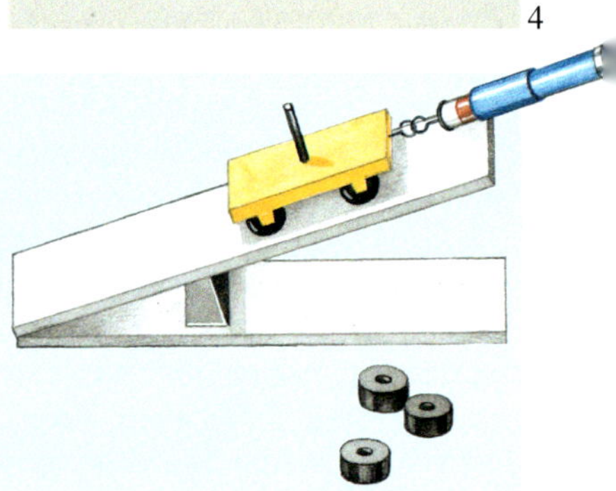
5

Bei gleicher Gewichtskraft ist die Hangabtriebskraft umso größer, je stärker die Ebene geneigt ist. Bei gleicher Neigung ist die Hangabtriebskraft umso größer, je größer die Gewichtskraft ist. Bildet man jeweils die Quotienten aus F_G und F_H so stellt man fest:

An der geneigten Ebene gilt: $\frac{F_H}{F_G} = \frac{h}{l}$ oder $F_H = F_G \cdot \frac{h}{l}$.

Damit lässt sich berechnen, wie groß die Kraft ist, die der Getränkefahrer im Bild 2b auf der vorhergehenden Seite aufbringen muss:

$$F_H = F_G \cdot \frac{h}{l}$$

$$F_H = 500\,\text{N} \cdot \frac{1\,\text{m}}{5\,\text{m}} = 100\,\text{N}$$

Das Produkt aus Kraft und Weg ist aber beim Hinaufrollen genau so groß wie beim Anheben des Fasses:

Anheben: $F_G \cdot h = 500\,\text{N} \cdot 1\,\text{m} = 500\,\text{N} \cdot \text{m} = 500\,\text{J}$,

Hinaufrollen: $F_H \cdot l = 100\,\text{N} \cdot 5\,\text{m} = 500\,\text{N} \cdot \text{m} = 500\,\text{J}$.

Auch eine Bergstraße mit Serpentinen ist eine geneigte Ebene, auf der sich mit geringer Kraft ein Höhenunterschied überwinden lässt. Aber hier gilt ebenfalls: Wer statt einer kürzeren steilen Straße die viel längere Serpentinenstrecke nimmt, muss mehr Kraft aufbringen.

SCHON GEWUSST?

Steigungen und Gefälle werden auf Straßenschildern in Prozent angegeben. Bei einer Steigung von 10 % gewinnt man 10 m an Höhe, wenn man in waagerechter Richtung (auf der Karte gemessen) 100 m zurücklegt.

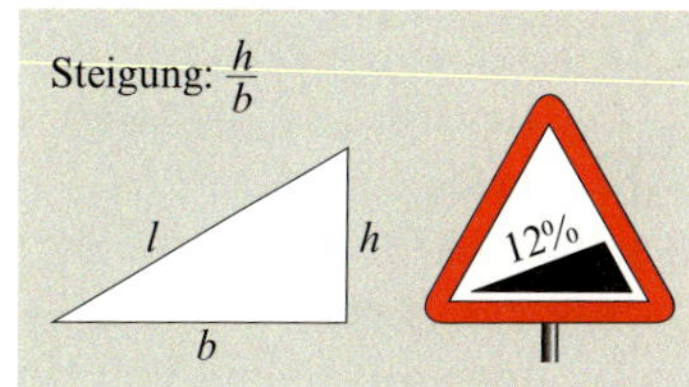

1

Bei einem Anstiegswinkel von 45° hat die Ebene eine Steigung von 100 %. Die *Neigung h/l* beträgt dann etwa 0,7.

Goldene Regel der Mechanik

Betrachtet man so genannte kraftumformende Einrichtungen wie Flaschenzüge, geneigte Ebenen oder Hebel, so stellt man für alle diese Geräte fest: Will man eine kleinere Kraft aufwenden, so wird der Weg länger, den man zurückzulegen hat. Oder es wird der Weg kürzer, den die „Last" zurücklegt.

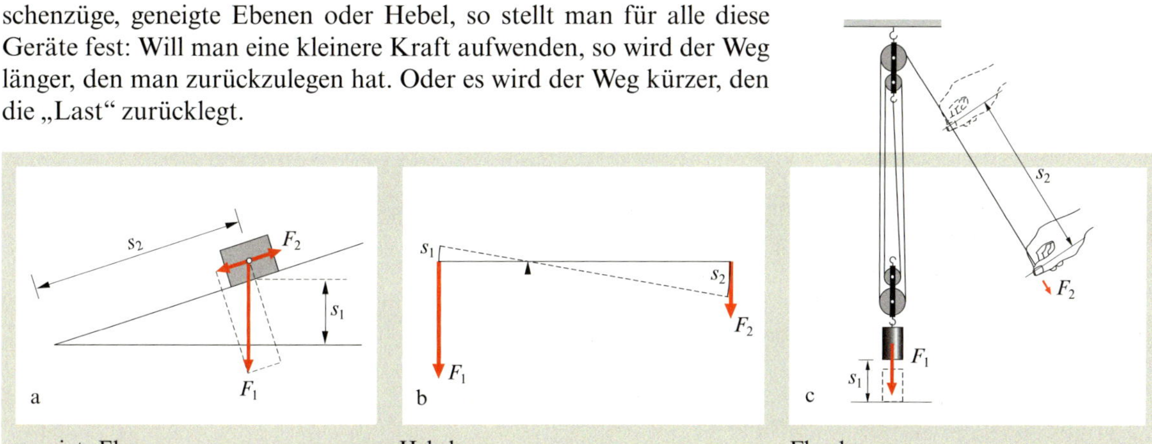

geneigte Ebene — Hebel — Flaschenzug

2

Bei der Verwendung von kraftumformenden Einrichtungen bleibt das Produkt aus Kraft und Weg konstant.

Der italienische Gelehrte GALILEO GALILEI (1564–1642) hat die goldene Regel der Mechanik anschaulich – wenn auch physikalisch nicht präzise – so formuliert: „Was an Kraft gespart wird, muss an Weg zugesetzt werden." Eigentlich ist die Regel weniger „golden" als „bedauerlich". Sie besagt, einfach ausgedrückt: „Wir bekommen nichts umsonst."

Projekt

Hebel am Fahrrad

Auch das Fahrrad ist ein Kraftwandler. Im Gegensatz zum Nussknacker übt man hier jedoch eine Kraft auf einen kurzen Kraftarm aus. Denn die Idee des Fahrrades ist ja: Man möchte mit „einem Schritt" einen längeren Weg zurücklegen als zu Fuß und auf diese Weise schneller vorankommen.

AUFTRAG 1

1 Testet auf dem Schulhof, wie weit ihr mit genau einer Tretkurbelumdrehung fahren könnt. Nehmt hierfür ein Rad mit Gangschaltung. Vergleicht die Wege im größten Gang (s_1) und im kleinsten Gang (s_2)!

2 Zählt die Zähne der Zahnkränze auf dem größten Kranz vorn (a), auf dem kleinsten Kranz hinten (b), auf dem kleinsten Kranz vorn (c) und auf dem größten Kranz hinten (d)!

3 Bildet die Quotienten $Q_1 = \frac{a}{b}$ und $Q_2 = \frac{c}{d}$. Vergleicht $\frac{Q_1}{Q_2}$ mit dem Verhältnis der zuvor gemessenen Wege $\frac{s_1}{s_2}$!

1

Eigentlich könnte man mit einem extrem großen Zahnkranz vorn und einem extrem kleinen Zahnkranz hinten schneller fahren als jedes Auto – wäre da nicht das Problem mit der Kraft. Ihr könnt die Kraft, die auf die Tretkurbel wirkt, einmal mit der Kraft vergleichen, die am Rand des Hinterrades wirkt, die also „auf die Straße gebracht" wird. Verwendet dazu dasselbe Fahrrad wie zuvor!

AUFTRAG 2

1 Hängt an die Tretkurbel eines aufgebockten Fahrrades ein 5-kg-Wägestück ($F_G \approx 50\,N$). Messt mit einem Federkraftmesser die Kraft am Hinterrad
a) im größten Gang (F_1),
b) im kleinsten Gang (F_2)!

2 Bildet das Verhältnis der beiden Kräfte $\frac{F_1}{F_2}$ und vergleicht es mit dem Verhältnis $\frac{s_2}{s_1}$ aus dem ersten Auftrag!

2

Wer also in einem größeren Gang fährt, muss kräftiger in die Pedale treten, um dieselbe Kraft am Hinterrad zu bewirken. Wer es sich leichter machen will, schaltet in einen kleineren Gang, muss aber dafür schneller treten.

„Hebeltechniken“ beim Sport

Bei vielen Sportarten spielt die Anwendung und die geschickte Ausnutzung des Hebelgesetzes eine wichtige Rolle.

Rudern. Beim Riemenrudern handelt es sich um einen zweiseitigen Hebel mit der Halterung am Boot als Drehpunkt. l_1 ist der Abstand der Hände vom Drehpunkt, l_2 der Abstand vom Drehpunkt zum Druckpunkt im Wasser. Wenn der Ruderer mit der Kraft F_1 die Ruder zu sich zieht, wirkt die Kraft F_2 auf das Wasser und treibt das Boot vorwärts.

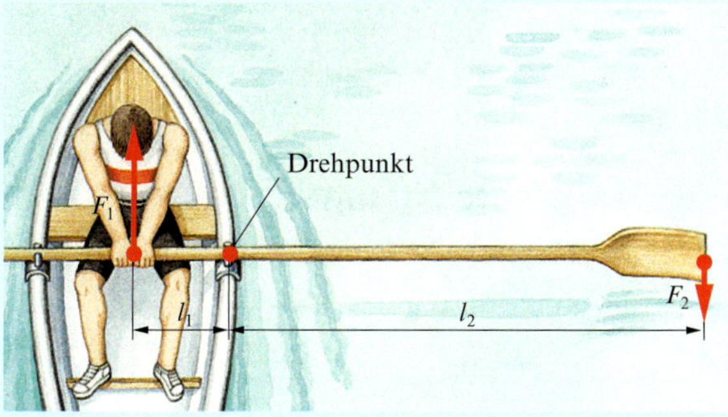

1

2

Paddeln. Beim Paddeln handelt es sich um einen einarmigen Hebel. Drehpunkt ist die Mitte des Paddels. Die Entfernung vom Drehpunkt bis zur Hand (l_1) ist kürzer als die Länge von der Mitte zum Blatt (l_2). Die aufzuwendende Kraft F_1 ist umso geringer, je größer der Abstand zwischen Hand und Drehpunkt ist.

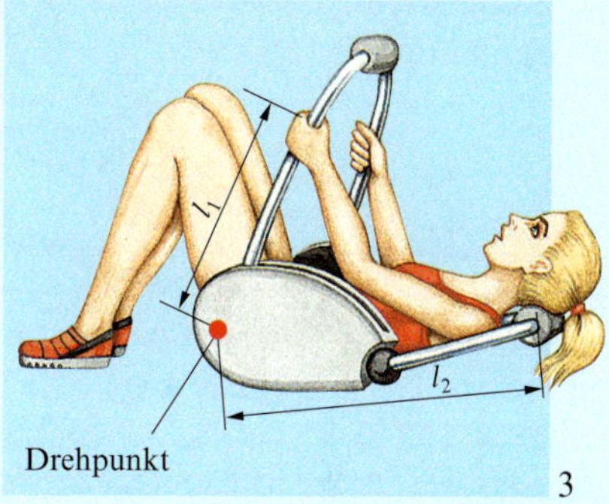

3

Krafttraining. Zum Fitnesstraining kann man einen Bauchmuskeltrainer verwenden. Die Entfernung vom Kopf zum Drehpunkt (l_2) ist immer länger als der Hebelarm bis zu den Händen (l_1). Je nachdem wo man mit den Händen greift, ist l_1 länger (oben) oder kürzer (seitlich). Dadurch lässt sich die aufzuwendende Kraft und der Trainingseffekt variieren.

Judo. Mit Geschicklichkeit und Schnelligkeit lassen sich Wurftechniken beim Judo einsetzen, um den Gegner aus dem Gleichgewicht zu bringen. Dabei kann das Hebelgesetz eine wichtige Rolle spielen. Der Punkt, an dem sich die Judokas berühren, wirkt als Drehpunkt des Hebels. Beim Kniewurf bildet die Länge von der Kniekehle bis zur Schulter den langen Hebelarm, wenn man also die Kniekehle blockiert, ist die notwendige Kraft zum Aushebeln entsprechend gering.

4

Das Heiligtum von Stonehenge

Schon vor vielen tausend Jahren haben die Menschen mithilfe einfacher Geräte monumentale Bauwerke errichtet. Ein imposantes Beispiel ist die Steinkreisanlage von Stonehenge in Südengland. Sie war vermutlich nicht nur eine Totenkultstätte, sondern auch eine Art Sonnentempel: Der Eingang weist am Tag der Sommersonnenwende genau in Richtung des Sonnenaufgangs.

Die Anlage wurde in mehreren Phasen erbaut. Die letzte Phase (etwa 1700 bis 1300 v. Chr.) war die schwierigste des Unternehmens. Es wurden 30 große Steine von jeweils 25 t im Kreis aufgestellt und mit Decksteinen versehen. In der Mitte des Kreises wurden fünf große Torbögen errichtet. Ihre Pfeiler sind behauene Felsen von bis zu 50 t, ihre Decksteine Quader von etwa 7 t.

Das gesamte Material musste aus etwa 30 km Entfernung herbeigeschafft werden. Die großen Steine wurden auf Baumstämme gelegt und dann an Seilen gezogen. Für einen Stein brauchte man schätzungsweise 800 Männer zum Ziehen und 200 weitere, die die Baumstämme von hinten nach vorn transportierten und im Vorfeld den Weg ebneten.

Zum Aufrichten eines schweren Pfeilers wurde ein Erdwall aufgeschüttet und eine kleine Grube ausgehoben. Nachdem der Pfeiler in die Grube geglitten war, wurde er mit Seilen und Stangen in die senkrechte Stellung gebracht.

Zum Aufsetzen der Decksteine hat man wahrscheinlich Plattformen aus abwechselnd kreuz- und quergelegten Rundhölzern verwendet. Der Deckstein wurde immer wieder etwas angehoben und neue Hölzer untergelegt. Schließlich wurde er waagerecht auf die Pfeiler gerollt.

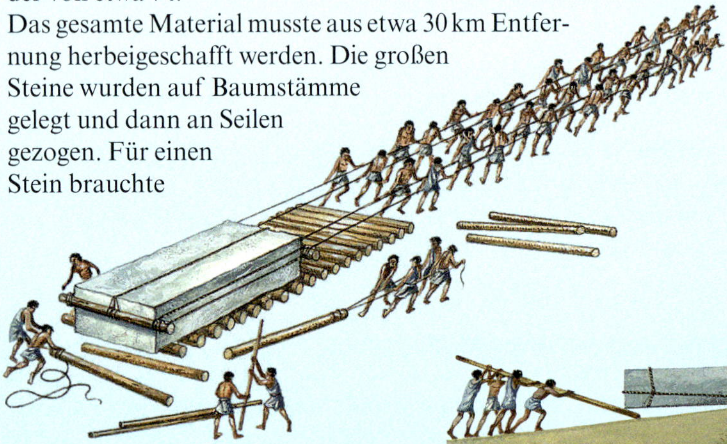

Weißt du es ? Kannst du es

1. Welche Kraft ist notwendig, um mit einer losen Rolle eine Bücherkiste mit der Masse 60 kg zu heben?
2. Wie viele Rollen sind notwendig, um einen Körper mit der Masse 500 kg anzuheben, wenn man eine maximale Zugkraft von 400 N aufbringen kann?
3. Eine elektrische Seilwinde kann eine Kraft von genau 981 N aufbringen. Ein Arbeiter versucht, mit einem Flaschenzug von 2 × 2 Rollen eine Palette von 400 kg mit dieser Seilwinde zu heben. Die Seilwinde schafft das aber nicht. Versuche, eine Erklärung hierfür zu finden!
4. Nenne drei Beispiele für geneigte Ebenen in der Technik und erläutere ihre Funktion!
5. Berechne die Hangabtriebskraft eines Fahrrades ($m = 12$ kg) mit Fahrer ($m = 60$ kg) bei einer Neigung von 0,2!
6. Ein Bauarbeiter will eine Kabelrolle ($m = 200$ kg) um 2 m nach oben transportieren. Er kann beim Rollen eine maximale Hangabtriebskraft von 500 N aufbringen. Welche Länge muss das Brett für die geneigte Ebene haben?
7. Um eine Farbdose zu öffnen, verwendet man oft einen Schraubendreher. Welche Funktion hat er?
8. Welchen Unterschied spürt man, wenn man an einem Bremshebel eines Fahrrades an verschiedenen Stellen drückt?
9. Um eine Radmutter am Autorad zu lösen, verwendet man häufig sehr lange Schraubenschlüssel. Was ist der Vorteil?
10. Wie kann man sich das Sprichwort erklären: „Er sitzt am längeren Hebel.“?
11. Warum wird es immer schwieriger, ein Streichholz in immer kleinere Stücke zu brechen?
12. Eine Brechstange ist 1 m lang. Sie wird 10 cm unter einen Stein (4 500 N) geschoben. Welche Kraft muss man am freien Ende aufbringen, um ihn anzuheben?
13. Kann man die Paddel eines Kanus als Hebel auffassen? Wo liegt der Drehpunkt? Wo greifen die Kräfte an?
14. Berechne die Kraft, die bei der Kneifzange (Bild 1) auf den Nagel wirkt!

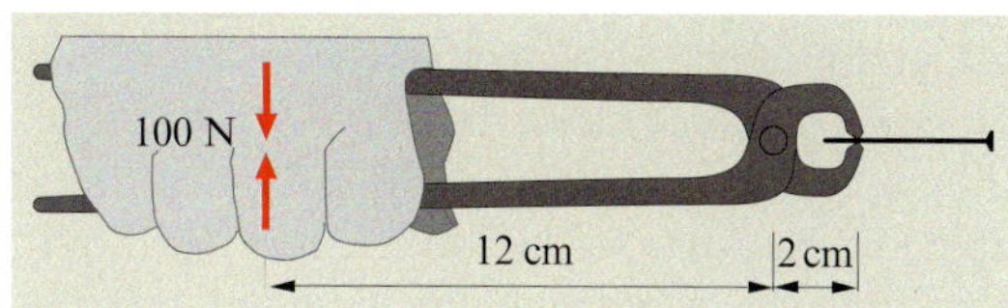

1

Kurz und knapp !

Mithilfe einer festen Rolle und eines Seils kann man die Richtung einer Kraft ändern:
Kraft F_1 und Last F_2 sind gleich groß.
Kraftweg s_1 und Lastweg s_2 sind gleich groß.

An einer losen Rolle braucht man zum Heben einer Last nur eine halb so große Kraft: $F_1 = \frac{1}{2} \cdot F_2$.

Der Kraftweg ist doppelt so groß wie der Lastweg: $s_1 = 2 \cdot s_2$.

Bei einer geneigten Ebene entspricht das Verhältnis von Hangabtriebskraft und Gewichtskraft der Neigung: $\frac{F_H}{F_G} = \frac{h}{l}$.

Ein Hebel ist im Gleichgewicht, wenn die Produkte aus Kraft und zugehörigem Hebelarm auf beiden Seiten gleich groß sind: $F_1 \cdot l_1 = F_2 \cdot l_2$.

Goldene Regel der Mechanik:
Bei der Verwendung von kraftumformenden Einrichtungen bleibt das Produkt aus Kraft und Weg konstant.

Eine Kombination von losen und festen Rollen nennt man Flaschenzug.

Biomechanik

Gehen, Stehen, Heben oder Tragen sind für uns Selbstverständlichkeiten. Erst wenn wir eine Verletzung oder Krankheit haben, merken wir, wo in unserem Körper Belastungen auftreten. Auch in unserem Körper gelten die Gesetze der Mechanik.
Die Biomechanik ist die Wissenschaft vom Bau und der mechanischen Funktion von Organismen: Menschen, Tieren oder Pflanzen. Steht der technische Gesichtspunkt im Vordergrund, so spricht man auch von Biotechnik oder Bionik.
In der Medizin beschäftigen sich die Orthopäden mit der Mechanik des Skelett- und Muskelsystems und der Entwicklung von Prothesen.
Die Biomechanik ist auch ein wichtiges Teilgebiet der Sportwissenschaft, die sich mit der Erforschung von Bewegungsabläufen befasst: Wie zweckmäßig sind bestimmte Bewegungen und Körperhaltungen in verschiedenen Sportarten, um möglichst gute Leistungen zu erzielen?

1
Atlas ist nach griechischem Mythos der Sohn eines Titanen. Er musste zur Strafe für seine Teilnahme am Kampf gegen Zeus die „Säulen des Himmelsgewölbes" stützen.

Hebelwirkungen am Atlas. Wenn wir wach sind und bei voller Gesundheit, halten wir den Kopf aufrecht. Müde, betrunkene oder erkrankte Menschen lassen ihr Haupt oft nach vorne fallen. Ganz offensichtlich halten unsere Nackenmuskeln den Kopf in einer aufrechten Lage.
Während also die Gewichtskraft des Kopfes den Kopf nach vorne dreht, ziehen hinten die Nackenmuskeln den Kopf nach unten. Der Kopf ist auf dem obersten Halswirbel, dem Atlas, drehbar gelagert. Er stellt den Drehpunkt eines Hebels dar (Bild 2). Der hintere Hebelarm ist relativ lang. Der Nackenmuskel braucht nur etwa die Hälfte der Gewichtskraft des Kopfes aufzubringen, um den Kopf aufrecht zu halten.

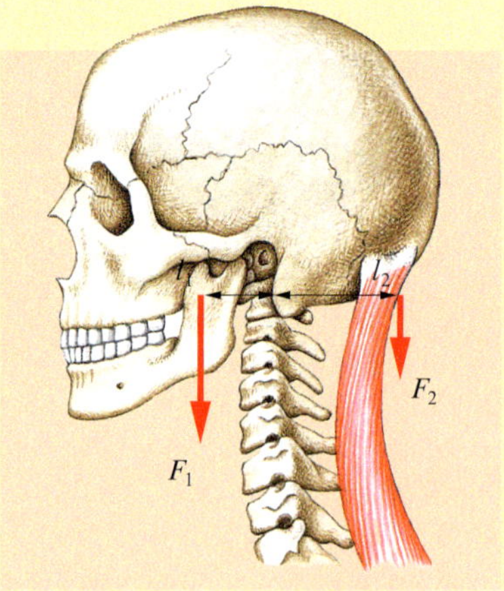

2

Der Arm als Hebel. Unser Arm lässt sich physikalisch als einseitiger Hebel auffassen (Bild 3). Drehachse ist das Ellenbogengelenk. Das Eigengewicht des Unterarms wirkt als Kraft nach unten. Der Armbeuger (Bizeps) muss eine Kraft aufbringen, um den Unterarm waagerecht zu halten. Hier wirkt der Muskel am kürzeren Hebel.
Für den Fall, dass man eine Stahlkugel in die Hand nimmt, werden die Kräfte, die der Beugemuskel aufzubringen hat, erheblich größer. Das Verhältnis der Hebelarme ist etwa 1 : 8. Kein Wunder also, dass der Bizeps, besonders bei Sportlern, eine erhebliche Dicke aufweist.
Das für den Muskel scheinbar ungünstige Hebelverhältnis hat einen Vorteil: Es ermöglicht eine schnelle Bewegung der Hand.

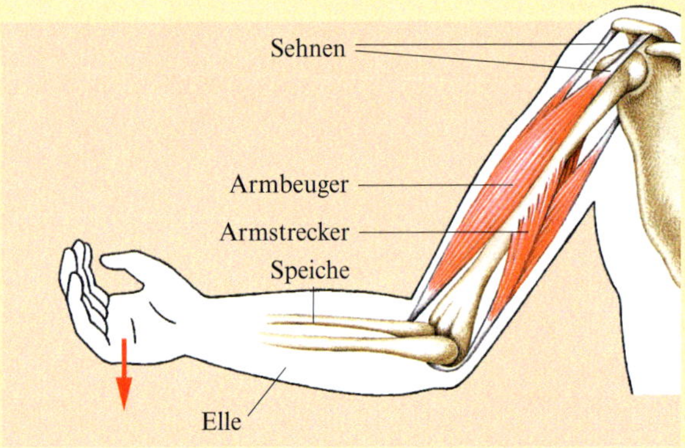

3

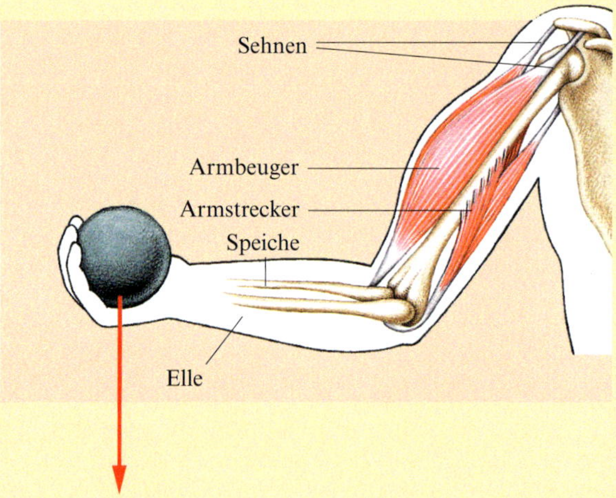

4

Richtiges und falsches Heben. Die Wirbelsäule hat eine komplizierte Aufgabe in unserem Skelett. Einerseits soll sie unsere aufrechte Haltung stützen. Andererseits muss sie flexibel sein, um uns vielfältige Bewegungen zu ermöglichen.
Beim Anheben von schweren Gegenständen wird häufig die Wirbelsäule stark belastet. Man kann diese Belastung aber durch richtige Körperhaltung vermindern. Mit gekrümmter Wirbelsäule kann man sich leicht „verheben“ (Bild 1). Daher sollte man immer mit geradem Rücken heben und die Beinmuskeln arbeiten lassen (Bild 2).

1

2

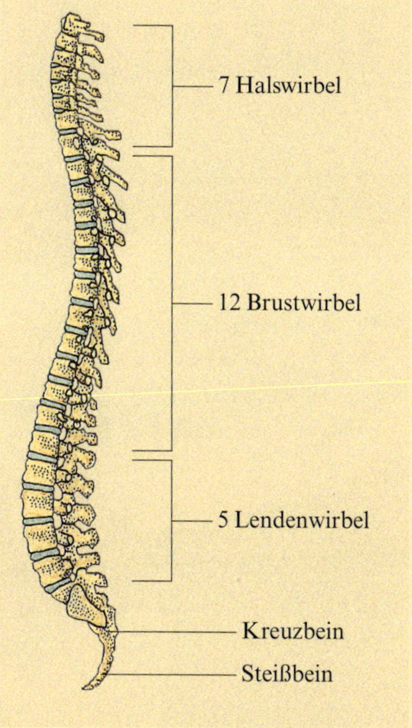

3

Wirbelsäule von der Seite

Schultasche ist nicht gleich Schultasche. Viele Menschen leiden unter Erkrankungen der Wirbelsäule. Mögliche Ursachen liegen in falschen Belastungen im frühen Jugendalter. Viele herkömmliche Schultaschen haben biomechanische Nachteile (Bild 4):
- Die gesamte Last der Schultasche ruht auf den Schultern und wird über die Schultergürtelmuskulatur weitgehend an die Halswirbelsäule angehängt. Über die Rippen wird die Last zusätzlich an die Wirbelsäule weitergegeben.
- Die Tragriemen ziehen stark nach hinten und verursachen Rundrückenbildung.
- Die Unterkante der Schultasche stützt sich im Lendenwirbelbereich ab und verursacht ein Hohlkreuz.
- Schultaschen sind dick und erzeugen infolge des langen Hebelarms eine große Belastung.

Wissenschaftler haben nun eine Schultasche entwickelt, die die dargestellten Mängel nicht aufweist (Bild 5):
- Durch die hohe Form, mit Fächern übereinander, kann ein Beckengurt eine Auflage im Kreuzbeinbereich günstig gestalten.
- Die Zugkräfte nach unten und nach hinten werden verringert.

So hilft eine genaue Betrachtung der Kräfteverhältnisse an der Tasche und deren Auswirkungen auf das Muskel-Skelett-System zum besseren Verstehen von medizinischen Problemen. Damit kann Schäden frühzeitig vorgebeugt werden.

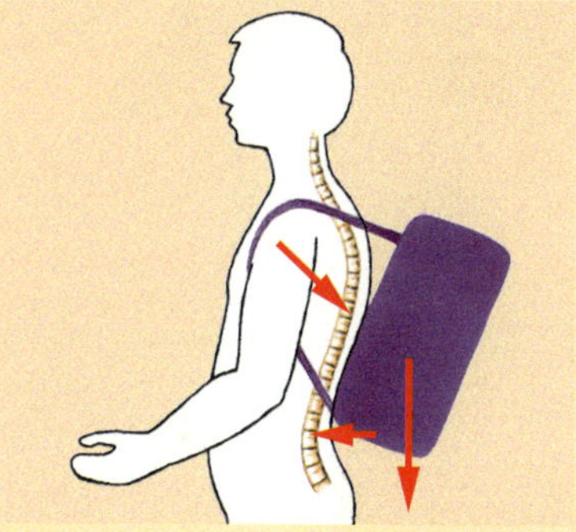
4

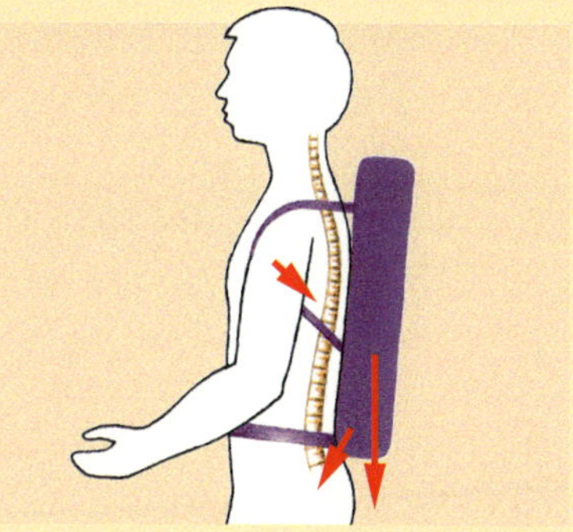
5

Aufgaben

1. Vergleiche deine Schultasche mit denen aus den Bildern 4 und 5! Wie kannst du beim Packen die Belastung deiner Wirbelsäule verringern?
2. Falsche Körperbelastungen können zu Haltungsschäden führen. Überlege, welche Fehler du vermeiden könntest!

Einfache Maschinen

Einfache Maschinen in der Geschichte

Die Kraft eines Menschen ist begrenzt. Für viele Arbeiten reicht sie nicht aus. Schon vor mehr als 4000 Jahren v. Chr. haben die Menschen auf der Mittelmeerinsel Gozo bei Malta aus großen Felsplatten Tempelanlagen geschaffen, die noch heute teilweise erhalten sind (Bild 1). Die Kraft der Menschen reichte jedoch nicht aus, um diese Platten mit den bloßen Händen zu transportieren und aufzurichten. Dafür ist deren Gewicht viel zu groß.

Um 2550 vor Chr. entstanden in Ägypten die ersten gewaltigen Grabanlagen. Davon zeugen noch heute u. a. die großen ägyptischen Pyramiden. Die größte Pyramide, die Cheops-Pyramide (Bild 2), hat eine Kantenlänge von 232 m und eine Höhe von 148 m. Sie hat ein Volumen von 2 521 000 m^3. Jeder einzelne Steinblock ist etwas größer 1 m^3 und hat eine Masse von etwa 2,6 t. Diese Steine mussten zur Baustelle transportiert und bis auf die Pyramide gehoben werden.

Wie diese gigantischen Bauwerke errichtet worden sind, gibt noch heute den Forschern aus aller Welt Rätsel auf, da keine Aufzeichnungen existieren. Es ist nur eines klar: Mit Muskelkraft allein war das nicht möglich. Die Menschen mussten also schon vor 4500 Jahren und früher einfache Maschinen genutzt haben.

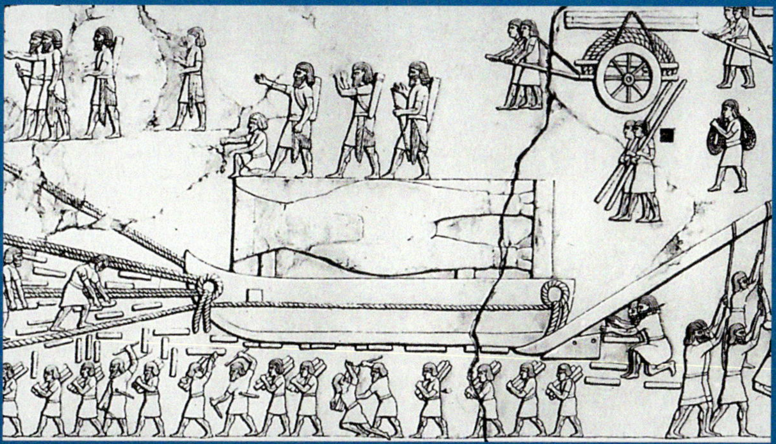

1

Die Darstellung in Bild 1 stammt aus der Zeit von 660 v. Chr. Ähnliche einfache Maschinen müssen auch – bis auf das nicht erfundene Rad – beim Pyramidenbau verwendet worden sein.

Im obigen Bild ist auch zu erkennen, dass Hebel schon sehr früh genutzt wurden. Das Hebelgesetz wurde jedoch erst ca. 200 v. Chr. von ARCHIMEDES formuliert.

Was ist eine einfache Maschine?
Eine einfache Maschine ermöglicht es, eine kleine Kraft in eine größere (oder auch umgekehrt) umzuwandeln. Eine einfache Maschine ist ein Kraftwandler.
Einen wesentlichen Nachteil hat jedoch die Verwendung einfacher Maschinen. Wie überall, so gilt auch hier der Energieerhaltungssatz. Außerdem wird immer ein Teil der mechanischen Energie durch Reibung in thermische Energie umgewandelt. Nehmen wir vereinfachend an, dass dieser Teil so klein ist, dass wir ihn vernachlässigen können, dann muss die zugeführte Energie gleich der verrichteten Arbeit sein, d. h. das Produkt aus Kraft und Weg muss beim Bedienen der Maschine genau so groß sein, wie die Arbeit, die die Maschine verrichtet.
Diesen wichtigen Zusammenhang nennt man den Satz von der Gleichheit der Arbeit bei einfachen Maschinen. Er wird auch die „Goldene Regel der Mechanik" genannt: Was bei einfachen Maschinen an Kraft gespart wird, geht an Weg verloren.

Wichtige einfache Maschinen sind:
- Hebel
- Rollen
- Flaschenzug
- geneigte Ebene
- Keil und
- Schraube.

ÜBRIGENS

Zur Verteidigung seiner Heimatstadt Syrakus (auf der Insel Sizilien) hat ARCHIMEDES viele einfache Maschinen in Form von Kriegsmaschinen konstruiert. Dabei hat er vor allem Hebel genutzt. Mit diesen ist es ihm z. B. gelungen, die feindlichen Schiffe anzuheben und dann ins Wasser stürzen zu lassen. Die römischen Belagerer haben jedes Mal vor Angst geschrien, wenn über der Stadtmauer wieder eine neue Kriegsmaschine erschien, die gegen sie eingesetzt wurde. Dennoch haben die Römer die Stadt Syrakus nach zweijähriger Belagerung eingenommen – allerdings durch Verrat. Dabei wurde ARCHIMEDES von einem römischen Soldaten getötet.

AUFGABEN

1 Nenne Beispiele für die Anwendung von Rollen! Skizziere eine Anwendung!
2 Beschreibe den Aufbau und erkläre die Wirkungsweise eines Flaschenzugs!
3 Nenne Beispiele für die Anwendung von Flaschenzügen!
4 Welche Gemeinsamkeiten und welche Unterschiede haben ein Flaschenzug und ein Schnürschuh mit einem eingefädeltem Schnürband?
5 Beschreibe den Aufbau und erkläre die Wirkungsweise eines zweiseitigen und eines einseitigen Hebels! Wann ist ein Hebel im Gleichgewicht?
6 Wo finden Hebel im Haushalt und in der Technik Anwendung?
7 Erläutere die Goldene Regel der Mechanik an einem Beispiel!

Die archimedische Schraube. Archimedes (um 285–219 v. Chr.) erfand und baute nicht nur Maschinen zur Verteidigung seiner Heimatstadt, sondern auch Maschinen, die das Leben im Alltag erleichterten. Eine Erfindung ist die nach ihm benannte archimedische Schraube. Das ist eine Pumpe, die Flüssigkeiten entgegen der Schwerkraft heben kann. Sie wird auch Schneckenpumpe genannt.
Die Schraube sitzt in einem schräg gestellten Rohr, das am unteren Ende in eine Flüssigkeit eintaucht. Wenn die Schraube gedreht wird, wird unten Flüssigkeit aufgenommen und nach oben transportiert.

AUFGABEN

1 Informiere dich über das Leben und Werk von Archimedes!

2 Das bekannteste Gemälde von Leonardo da Vinci ist das Bildnis der Mona Lisa. Viele kennen ihn nur als berühmten Maler. Aber er hat zahlreiche Maschinen und Geräte erfunden. Informiere dich über das Leben und Werk von Leonardo! Mit welchen Teilgebieten der Physik hat er sich beschäftigt?

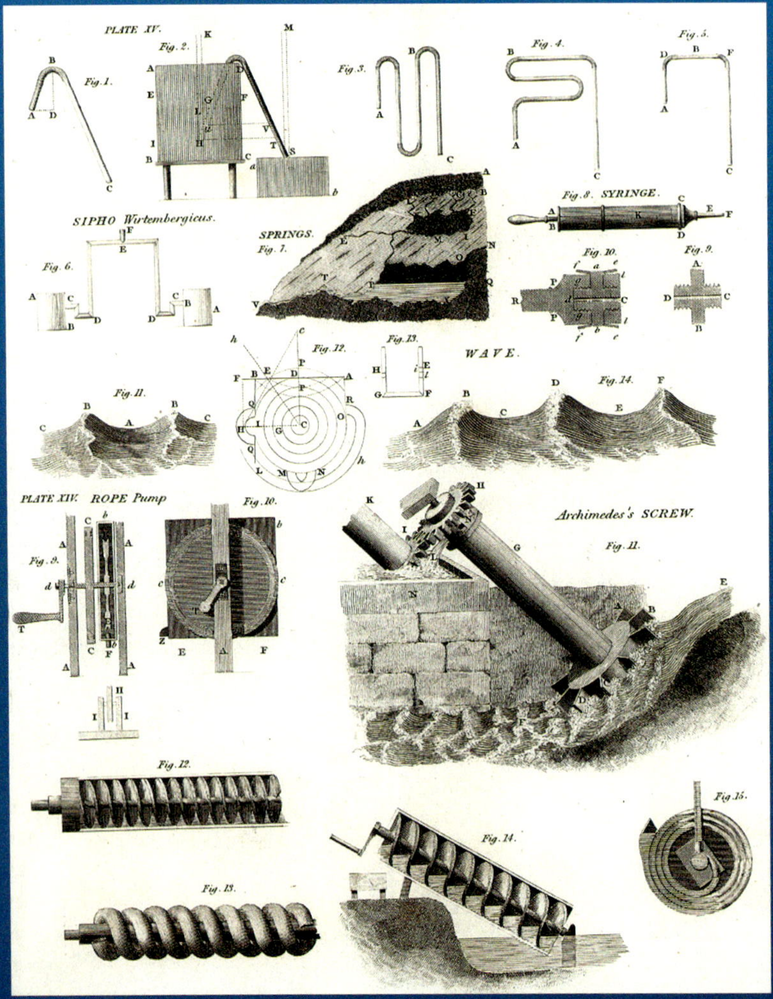

1 Historische Darstellung einer archimedischen Schraube

Die Schneckenpumpe wurde früher und wird teilweise heute noch zur Bewässerung eingesetzt. Auch in Kläranlagen werden sie zum Schmutzwassertransport verwendet, weil sie sehr robust sind (Bild 2).

2 Archimedische Schraube in einem Klärwerk

AUFTRAG 1

Baue eine archimedische Schraube und erprobe sie!

Du brauchst dazu:

- 2 Rundhölzer (dicker Besenstiel), Länge 30 cm und 15 cm
- 1 Schlauch, Innendurchmesser 6 mm (oder mehr), Länge 120 cm
- 1 Grundplatte , 2 cm × 5 cm × 30 cm
- Nägel

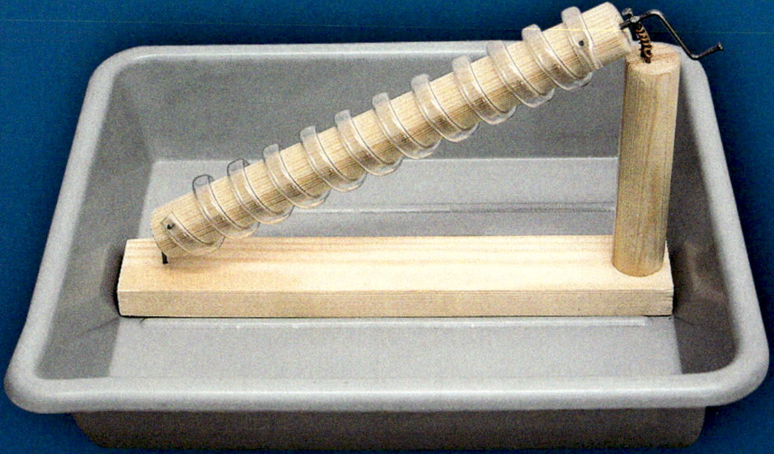

1

Das ist zu tun:

1. Wickle den Schlauch um das lange Rundholz und befestige die Enden mit je einem kleinen Nagel.
2. Bohre in das untere Ende des Holzstücks ein Loch.
3. Fertige aus der Grundplatte und dem kurzen Rundstab eine Halterung für die Schraube.
4. Setze das Ende mit Loch auf einen Nagel in der Grundplatte.
5. Bringe an das obere Ende eine Kurbel an. Dazu kannst du einen Nagel (8 cm) biegen.

Die Maschinen des Leonardo da Vinci. Der italienische Universalgelehrte Leonardo da Vinci (1452 – 1519) hat zahlreiche Maschinen erfunden, bei denen Kraftwandler eine entscheidende Rolle spielen (Bilder 2 und 3). Er verwendete auch archimedische Schrauben.

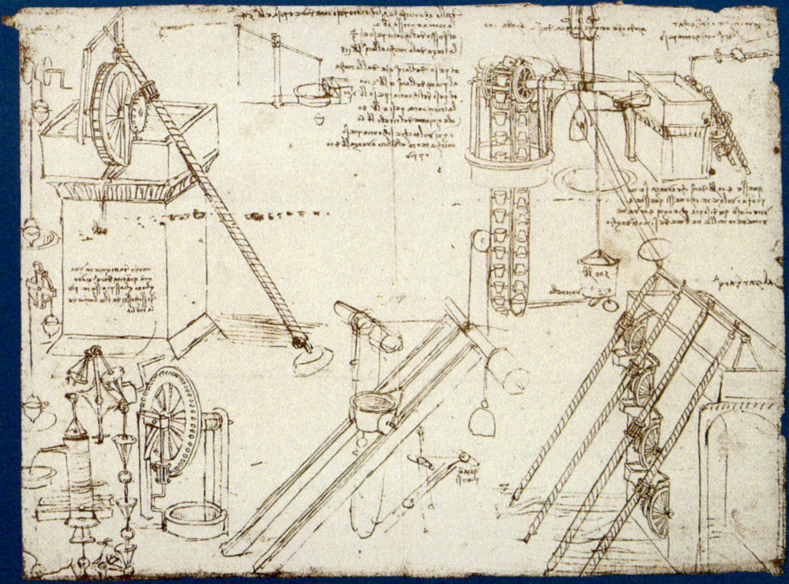

2

Zeichnung von Leonardo da Vinci

3

Modelle seiner Maschinen

Wasserräder und Windmühlen als einfache Maschinen

Wasserräder. Schon die Griechen haben vor Christi Geburt Wasserräder genutzt. Breite Anwendung fanden sie bei den Römern nach der Zeitenwende sowie in den Klöstern und Städten des Mittelalters. Auch ein Wasserrad ist eine einfache Maschine. Es wandelt die kinetische Energie des fließenden Wassers oder die potenzielle Energie des gestauten Wassers in Bewegungsenergie um.

Wasserräder wurden vor allem zum Betreiben von Getreidemühlen und Sägewerken genutzt. Es gibt 3 Arten von Wasserrädern (Bilder 1 bis 3).
Bei gleicher Größe der Räder arbeiten die oberschlächtigen Wasserräder am besten, ihnen folgen mittelschlächtige Räder.

Das mittelschlächtige Wasserrad hat im Prinzip den gleichen Aufbau. Allerdings strömt das Wasser etwa in halber Höhe des Rades zu und besitzt deshalb eine geringere potenzielle Energie.

Beim unterschlächtige Wasserrad tauchen die Schaufeln, die im einfachsten Falle aus radial abstehenden Brettern bestehen, in das strömende Wasser ein. Damit die Strömungsgeschwindigkeit möglichst groß ist, wird oft die Wasserströmung an der Stelle des Wasserrades verengt.

Zur Nutzung der mechanischen Energie des Wassers baut man heute nur noch Wasserturbinen. Sie drehen sich unter gleichen Bedingungen viel besser.

1 Oberschlächtiges Wasserrad

2 Unterschlächtiges Wasserrad

3 Mittelschlächtiges Wasserrad

Bei den oberschlächtigen Rädern fließt das Wasser von oben her in einzelne Kammern, die rund um das Rad angeordnet sind und bewegen diese auf Grund ihrer Gewichtskraft nach unten. Dort läuft das Wasser wieder heraus. Vorteilhaft wirkt sich beim oberschlächtigen Wasserrad noch aus, dass das Wasser „mit Schwung" in die Kammern hineinströmt.

AUFTRAG 2

Unterschlächtige Wasserräder mit Eimern sind die einfachsten und ältesten Schöpfwerke. Baut eine solche Maschine und erprobt sie !

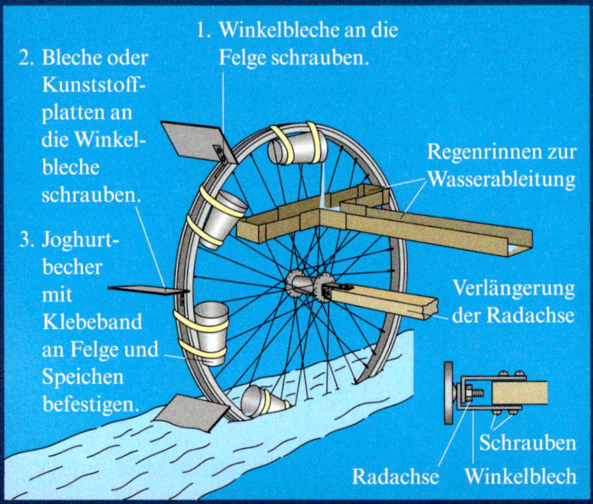

4

Windmühlen. Auch Windmühlen sind einfache Maschinen, die die Arbeit erleichtern. Sie wurden bereits seit dem frühen Mittelalter (etwa ab 800) genutzt. Die meisten Windmühlen hatten 4 Flügel, die sich um eine horizontale Welle drehten. Sie sind schräg zum Wind angeordnet und arbeiten nach dem Prinzip eines Propellers. Der Unterschied zum Propeller besteht darin, dass sie von der Luft angetrieben werden und nicht die Luft wegbewegen.
Die Flügel der Windmühle bestehen aus Holzbalken und Holzleisten. Diese sind gitterförmig angebracht. An den Holzleisten befinden sich meist Holzbrettchen. Durch Verschieben einzelner Leisten verschließen die Holzbrettchen die gitterförmigen Öffnungen mehr oder weniger stark. Dadurch kann der Müller die Windstärke berücksichtigen. Die Flügel müssen immer in der richtigen Richtung zum Wind stehen.

Größere Windmühlen sind die so genannten Holländerwindmühlen (Bild 2). Bei diesen ist nur die obere Kappe der Mühle, an der die Flügel befestigt sind, drehbar. Sie wird nach dem Wind ausgerichtet.

Windmühlen wurden vor allem zum Mahlen von Getreide, aber auch zum Pumpen von Wasser für die Bewässerung und für die Entwässerung sowie zum Sägen von Holz verwendet.

Heute baut man fast nur noch Windturbinen, die viel größer als die Windmühlen sind, meist schneller rotieren und sich durch Verstellen des Anstellwinkels der Flügel viel besser an die Windstärke anpassen lassen (siehe Seite 61).

1

Bockwindmühle

2

Holländerwindmühle

Deshalb gibt es verschiedene Arten von Mühlen, die sich in ihrem Aufbau voneinander unterscheiden.

Die einfachste Form ist die Bockwindmühle. Wie der Name sagt, ist die Mühle auf einem großen Holzbock befestigt und kann auf diesem je nach der Windrichtung gedreht werden (Bild 1).

AUFTRAG 3

1 Findet heraus, wo sich in der Nähe eures Wohnortes eine Windmühle befindet!
Fertigt eine Skizze an und erkundigt euch über den einstmaligen und den jetzigen Verwendungszweck der Mühle!

2 Überlegt euch, wie ihr ein Windturbine herstellen könnt. Fertigt eine Skizze an! Baut eure Windturbine und präsentiert sie!

Umwandlung von Drehbewegungen in geradlinige Bewegungen

Bei der Luftpumpe eines Fahrrades muss man die Kolbenstange mit dem Kolben immer hin- und herbewegen. Nur dann kann Luft in den Fahrradreifen hineingedrückt werden.
An einer Tankstelle kommt die Luft aus einem Schlauch und strömt in das Ventil. Ab und zu schaltet sich der Kompressor ein. Man hört das am Rattern. Es entsteht, wenn sich der Kolben des Kompressors hin- und herbewegt. Angetrieben wird er von einem Elektromotor. Beim Motor dreht sich die Welle.

Wie erfolgt die Umwandlung der Drehbewegung des Motors in die geradlinige Bewegung des Kolbens?

Am Motor ist eine Kurbel angebracht (Bild 1). Diese bewegt das eine Ende der Kolbenstange auf einer Kreisbahn. Am anderen Ende der Kolbenstange ist der Kolben befestigt. Er wird von der Kolbenstange hin- und her geschoben.

In der Technik wird meist der umgekehrte Vorgang genutzt. Es wird eine Hin- und Herbewegung in eine Kreisbewegung umgewandelt. Das erfolgt z. B. in einem Fahrzeugmotor (Bild 2).

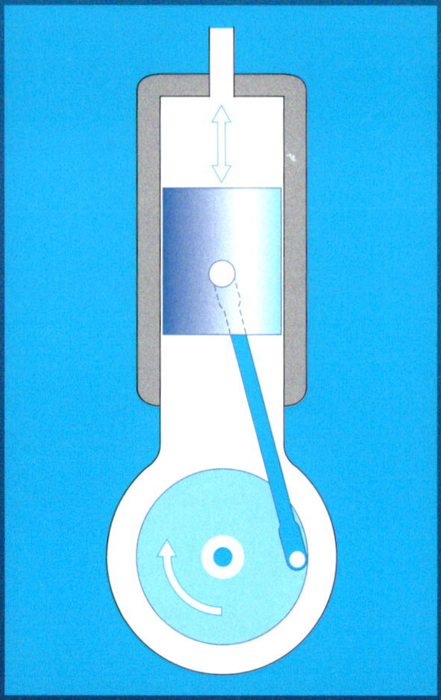

1

Der **Kolben** bewegt sich im **Zylinder** auf und ab. Die Abdichtung zwischen Kolben und Zylinderwand besorgen die **Kolbenringe**.

Mithilfe von **Bandriemen** (Keilriemen) werden die Pumpe für das Kühlwasser, die Lichtmaschine (also der „Dynamo“ des Autos) und der Ventilator für die Kühlung des Motors angetrieben.

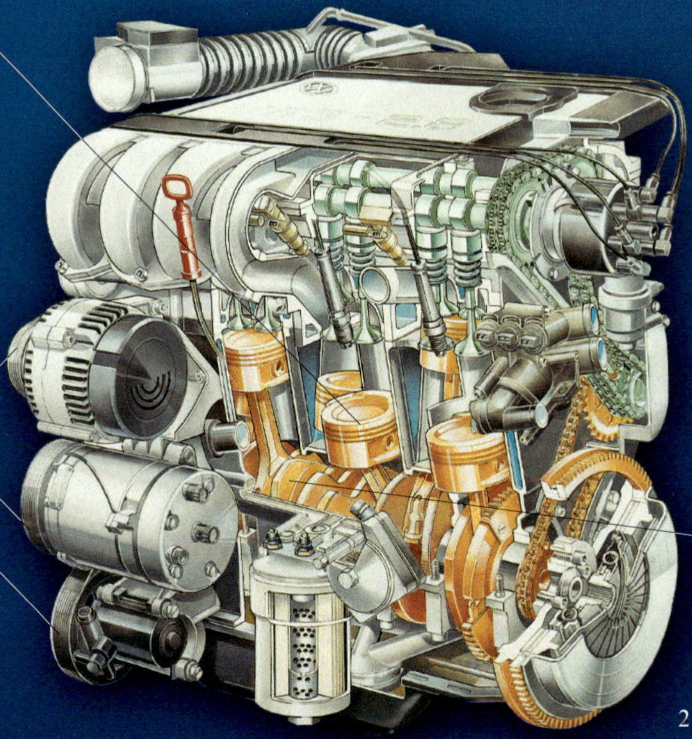

Pleuel und **Kurbelwelle** wandeln die Auf- und Abbewegung der Kolben in eine Drehbewegung. **Ausgleichsmassen** an der Kurbelwelle verhindern, dass die Kurbelwelle durch die Kolbenbewegung ungleichmäßig belastet wird.

2

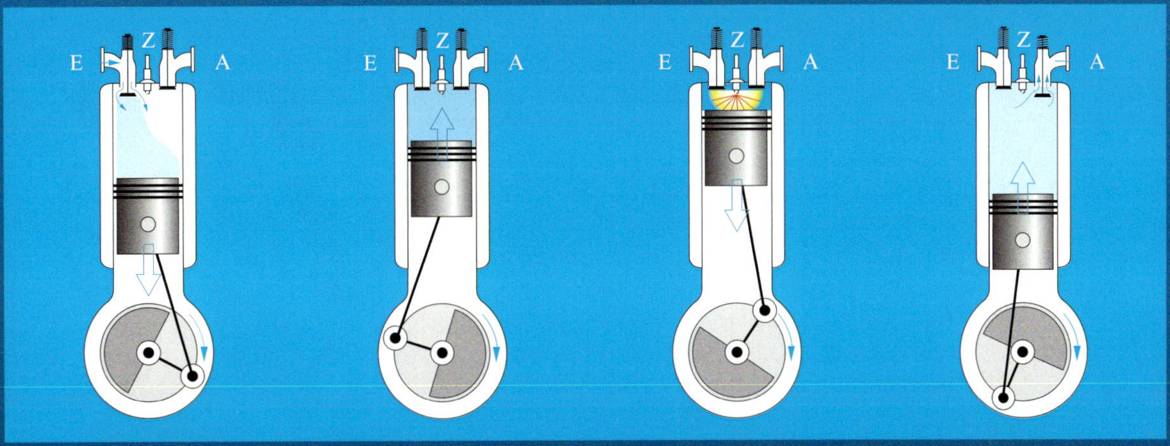

1

Das verbrennende Kraftstoff-Luft-Gemisch dehnt sich aus und schiebt den Kolben in Richtung des Kurbelgehäuses. Die am Kolben befestigte Kolbenstange wird mit dem Kolben nach unten geschoben. Das andere Ende der Kolbenstange ist mit der Kurbel verbunden. Es bewegt sich vom Zylinder weg. Das kann es aber nur auf einer Kreisbahn tun, sodass sich die Kurbel um eine halbe Umdrehung dreht. Dabei gerät die Kurbel „in Schwung" und dreht sich infolge ihrer Trägheit weiter. Dadurch wird der Kolben wieder auf einer Geraden zum Zylinder hin geschoben. Die Verbrennungsgase werden ausgestoßen und schließlich wieder die Bedingungen für eine weitere Verbrennung geschaffen.

Auch Dampfmaschinen besitzen solche Kolbenstangen, die man auch Pleuelstangen nennt.

AUFGABEN

1 Wie kann man eine Hin- und Herbewegung in eine Drehbewegung umwandeln?

2 Informiere dich in Nachschlagewerken oder im Internet über die Entwicklung der Dampfmaschine!

Einfache Getriebe

Zahnradgetriebe. Eine weitere wichtige Aufgabe besteht in der Technik darin, die Drehzahl eine rotierenden Welle zu ändern.
Wenn ein Pkw mit großer Geschwindigkeit einen Berg hinauf zu fahren beginnt, so lässt die Drehzahl des Motors schnell nach, weil seine Leistung zu klein ist. Deshalb legt der Fahrer statt dem 4., den 3. Gang ein. Der Motor dreht sich dann wieder schneller, obwohl der Pkw eine kleinere Geschwindigkeit hat.
Vielleicht muss der Fahrer sogar noch auf den 2. Gang herunterschalten. Dann dreht sich der Motor erneut schneller und gibt mehr Leistung an den Pkw ab, auch wenn dieser nicht mehr so schnell fährt. Auf diese Weise erreicht der Fahrer sicher das obere Ende der Steigung. Schalten heißt, dass zwei Zahnräder mit unterschiedlicher Anzahl von Zähnen ineinander greifen.
Ist der Unterschied in der Anzahl der Zähne groß (Bild 1), so drehen sie sich mit stark unterschiedlicher Drehzahl, das große langsam und das kleine schnell. Ist die Anzahl der Zähne gleich groß, so ist auch die Drehzahl der Zahnräder gleich groß.

1
Zahnradgetriebe. Die beiden Zahnräder drehen sich in entgegengesetzte Richtungen

Schneckentrieb. Will man die Untersetzung sehr groß machen, so kann man anstelle eines kleinen Zahnrades eine Schnecke benutzen, die einen noch kleineren Durchmesser als ein Zahnrad besitzen kann (Bild 2).

2
Schneckentrieb

3
Riementrieb bei einer Nähmaschine

Riementrieb. Die Übertragung der Kraft von einer Welle zu einer anderen kann auch durch Riemen erfolgen (Bild 3). Auch beim Riementrieb dreht sich das kleine Rad schneller als das große. Die Drehzahlen verhalten sich umgekehrt wie die Durchmesser der Räder.

Auch die Zahnradgetriebe, der Schneckentrieb und der Riementrieb sind einfache Maschinen. Sie helfen den Menschen, die Arbeit zu erleichtern. Auch für diese Antriebe gilt die Goldene Regel der Mechanik.

AUFTRAG 4

1 Baue mit Teilen deines Metallbaukastens einen Riementrieb oder Zahnradtrieb zusammen!
2 Ermittle, in welchem Verhältnis die Drehzahlen zueinander stehen!
3 Vergleiche dieses Verhältnis mit dem der Durchmesser der Räder!

AUFGABEN

1 Nenne Beispiele für die Nutzung eines Zahnradgetriebes und begründe ihren Einsatz!
2 Wo findet der Riementrieb Anwendung? Welche Aufgabe hat er zu erfüllen?
3 Mechanische Uhren wie z. B. Kirchturmuhren besitzen Zahnradgetriebe. Ist der Antrieb einer solchen Uhr auch mit Riementrieben möglich?

Energie, Umwelt, Mensch

Energie ist aus unserem Leben nicht mehr wegzudenken.
Früher mussten sich die meisten Menschen selbst anstrengen,
wenn sie kochen oder waschen wollten, den Acker pflügen oder in
einen anderen Ort reisen mussten.
Heute werden uns alle diese Tätigkeiten des täglichen Lebens
erleichtert durch Energie, die uns z. B. durch elektrische Leitungen
oder mit dem Erdöl geliefert wird.
Nun brauchen wir uns um das Feuer in der Heizung kaum noch
zu kümmern und Maschinen nehmen uns schwere Arbeiten ab.
Meistens denken wir gar nicht darüber nach, woher die
Energie kommt und wie groß der Aufwand ist,
damit wir es so bequem haben.

Energie und Energieumwandlung

1

**Wenn sich Fahrzeuge oder Maschinen bewegen sollen, so müssen ihre Motoren arbeiten. Verrichten sie keine Arbeit, dann hört die Bewegung – zumindest allmählich – auf.
So ist es auch bei jedem Fahrrad. Wenn es rollen soll, muss man in die Pedale treten oder sich wenigstens einen Berg herabrollen lassen.**

Bedeutung der Energie für das Leben der Menschen

Um Fahrzeuge und Maschinen in Bewegung zu setzen, muss Arbeit verrichtet werden. Da immer Reibung auftritt, muss auch Arbeit verrichtet werden, um die Fahrzeuge und Maschinen in Bewegung zu halten.

Auf welche unterschiedliche Weise erzeugt man in der Technik Bewegungen?
- Beim Fahren eines Zuges verrichtet die elektrische Lokomotive mechanische Arbeit. Dazu muss durch ihre Elektromotoren Strom fließen.
- Beim Fahren eines Pkw verrichtet der Verbrennungsmotor mechanische Arbeit. Dazu benötigt der Motor Benzin.
- Presslufthämmer können mechanische Arbeit verrichten, wenn ihnen Druckluft zugeführt wird.
- Den Dampfturbinen in einem Wärmekraftwerk wird heißer Wasserdampf unter hohem Druck zugeleitet. Sie treiben die Generatoren an.
- Wasser- und Windturbinen verrichten ebenfalls mechanische Arbeit und erzeugen dadurch in Generatoren elektrische Energie. Voraussetzungen dafür sind strömendes Wasser bzw. Wind.

Elektrischer Strom, Kraftstoff, Druckluft, Dampf, strömendes Wasser und Wind haben die Fähigkeit, mechanische Arbeit zu verrichten. Sie besitzen Energie. Energie ist eine Eigenschaft von Körpern.

Wenn man die Temperatur von Körpern erhöhen, sie schmelzen oder verdampfen will, benötigt man ebenfalls Energie. Das erfolgt z. B. bei der Warmwasserheizung, im Hochofen und im Dampfkessel (Bild 3).

2

3

Auch zum Beleuchten von Räumen und Straßen ist Energie erforderlich. Die Lampen senden Licht aus, wenn der elektrische Strom eingeschaltet ist. Die Sonne gibt gleichzeitig Licht und Wärme ab.

Energie ist die Fähigkeit, mechanische Arbeit zu verrichten, Wärme abzugeben oder Licht auszusenden.
Das Formelzeichen für die Energie ist *E*.

Im Alltag wird das Wort Energie oft in anderen Zusammenhängen benutzt. So sagt man z. B., dass sich jemand mit großer Energie der Lösung seiner Aufgaben zuwendet.

Weltenergieverteilung

Die Energie ist die Grundlage unseres gesamten Lebens und Wirkens. Mit der Erhöhung des Lebensstandards hat in der Vergangenheit auch immer der Energiebedarf zugenommen. Das Streben der Menschen nach einem höheren Lebensstandard bedingt auch ein Wachstum der benötigten Energie. Außerdem wächst die Anzahl der Menschen auf der Erde ständig. Dadurch steigt der Energiebedarf noch stärker an.
Die für ein menschenwürdiges Leben notwendige bzw. von den Menschen gewünschte Energie konnte bereits in den vergangenen Jahrhunderten nicht bereitgestellt werden. Zurzeit leben in den Industrieländern in Ost und West nur 25% der Weltbevölkerung. Diese Menschen verwenden aber 75% der genutzten Energie. Demgegenüber leben 75% der Menschen in den Ländern der Dritten Welt. Diese verfügen jedoch nur über 25% der verwendeten Energie (Bild 2).
Bild 1 zeigt den unterschiedlichen Energieverbrauch pro Kopf der Bevölkerung umgerechnet in Tonnen Steinkohle in den verschiedenen Ländern.

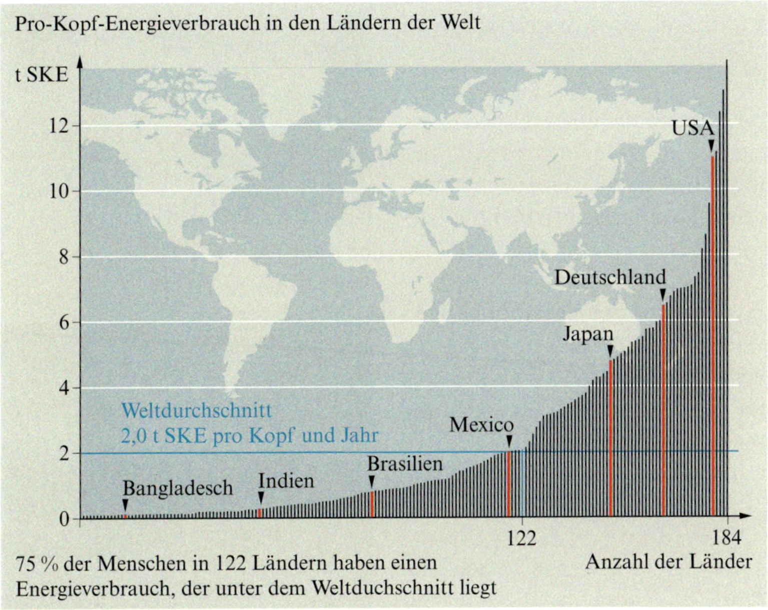

1

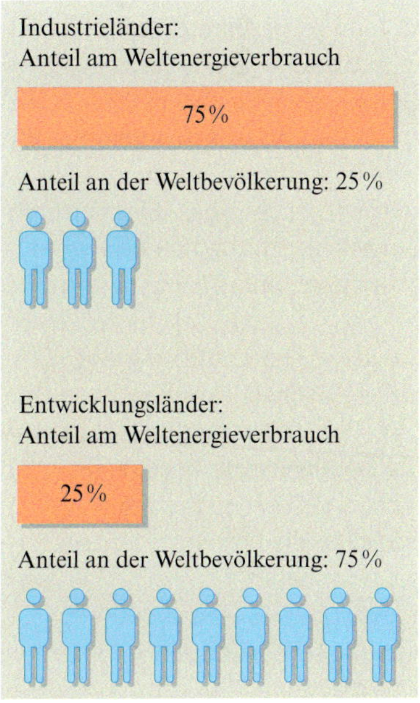

2

Energieformen

Potenzielle Energie. Wenn du oben auf einer Riesenrutschbahn sitzt, hast du eine große Energie, denn du kannst damit die lange Bahn hinunterrutschen. Diese Energie besitzt du aufgrund deiner höheren Lage gegenüber dem Wasserbecken, in das du hineinrutschen willst. Diese Energieform nennt man **Lageenergie.** Um diese Lageenergie zu erhalten, musstest du viele Treppen hinaufsteigen. Dabei hast du Arbeit verrichtet. Beim Herunterrutschen kannst du nun diese gespeicherte Arbeit wieder zurückgewinnen, und zwar genau so viel, wie du beim Hinaufklettern benötigt hast, nämlich $W = F_G \cdot h$. Am höchsten Punkt besitzt du die Lageenergie $E_{Lage} = F_G \cdot h$.

Für die Lageenergie eines Körpers gilt: $E_{Lage} = F_G \cdot h$.

Aus dieser Gleichung ist zu erkennen, dass für die Lageenergie dieselbe Einheit verwendet werden kann wie für die Arbeit. Auch für die anderen Energieformen verwendet man die Einheit Joule.

Die Einheit der Energie ist Newtonmeter (N · m) oder Joule (J).

Die Lageenergie eines Körpers hängt von seiner Gewichtskraft und seiner Höhe ab. Wird an dem Körper Hubarbeit verrichtet, so nimmt seine Lageenergie zu. Die Energieänderung entspricht dabei der verrichteten Arbeit.
- In der Gleichung für die Arbeit $W_{Hub} = F_G \cdot h$ gibt h an, um welche Strecke der Körper angehoben wird.
- In der Gleichung für die Energie $E_{Lage} = F_G \cdot h$ gibt h an, in welcher Höhe sich der Körper gerade befindet.

Bei einer Angabe der Höhe muss beachtet werden, auf welches Grundniveau man sich bezieht: Das Glas in Bild 2 befindet sich 10 cm über dem Tisch, aber 1 m über dem Fußboden. Seine Lageenergie beträgt im ersten Fall 0,1 J im zweiten Fall 1 J. Der Unterschied wird spürbar, wenn man das Glas fallen lässt.

Auch das Wasser in einem See enthält Lageenergie. Diese Lageenergie lässt sich nutzen, wenn es einen zweiten See oder einen Fluss gibt, der sehr viel tiefer liegt. Oft wird ein großer Höhenunterschied künstlich durch eine Staumauer erzeugt. Das Wasser kann in langen Rohren herabströmen und Turbinen antreiben.

Auch die gespannten Federn eines Trampolins und der gespannte Bogen eines Bogenschützen besitzen Energie. Sie ist in den verformten Federn bzw. dem gekrümmten Bogen gespeichert. Diese Form der Energie wird als **Spannenergie** bezeichnet. Auch um eine Feder zu spannen, muss Arbeit verrichtet werden.
Lageenergie und Spannenergie werden gemeinsam als potenzielle Energie bezeichnet.

Gehobene Körper und elastisch verformte Körper besitzen potenzielle Energie.

1

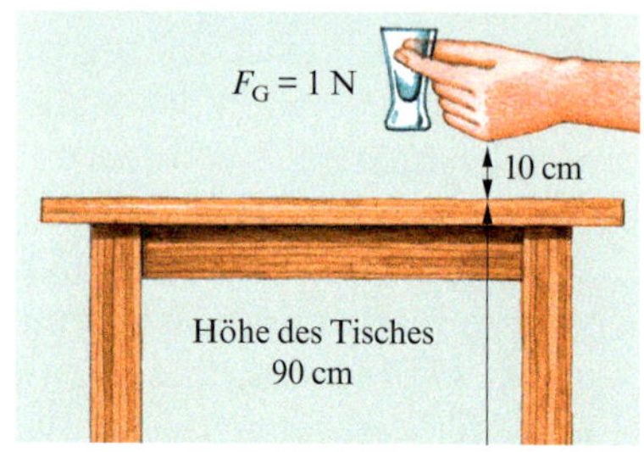

2

Die Lageenergie des Glases hängt von der Höhe ab.

3

In Wasserkraftwerken wird die Lageenergie von Wasser genutzt.

4

Kinetische Energie. Eine rollende Bowlingkugel hat die Fähigkeit Arbeit zu verrichten. Sie kann die Kegel in Bewegung setzen. Bewegungsenergie nennt man auch kinetische Energie. Am Ende einer Bobfahrt besitzt auch ein Viererbob eine große kinetische Energie. Die Sportler haben alle Mühe, ihn wieder zum Stillstand zu bringen. Auch alle sich bewegenden Fahrzeuge haben kinetische Energie. Dadurch rutschen beim Abbremsen oft ihre Reifen oder ihre Bremsen werden heiß.

1

Körper, die in Bewegung sind, besitzen kinetische Energie.

Die Körper in den Beispielen erhalten die kinetische Energie dadurch, dass Arbeit verrichtet wird: Die Bowlingkugel wird beim Wegschleudern durch Muskelkraft beschleunigt. Der Viererbob erhält seine kinetische Energie durch das Anschieben und das Hinabgleiten auf der stark geneigten Bahn. Fahrzeuge erhalten sie durch ihre Motoren.

Im folgenden Experiment soll untersucht werden, wie die kinetische Energie eines Körpers von seiner Geschwindigkeit abhängt.

EXPERIMENT 1
Man lässt eine Kunststoffkugel eine schräge Rinne hinabrollen. Am unteren Ende trifft sie auf einen Holzklotz. Beim Aufprallen schiebt sie den Klotz ein Stück vor sich her. Die Strecke, um die der Holzklotz verschoben wird, wird gemessen. Das Experiment wird mit verschiedenen Neigungen der Rinne wiederholt.

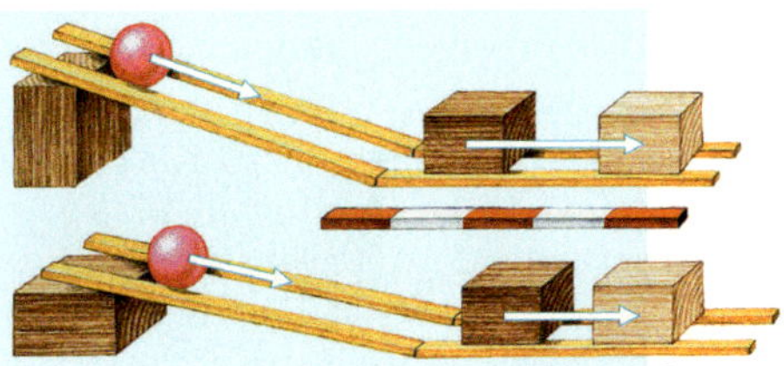
2

Je steiler die Rinne steht, desto größer ist die Geschwindigkeit der Kugel beim Auftreffen auf den Holzklotz. Bei einer größeren Geschwindigkeit der Kugel wird der Klotz um eine größere Strecke s verschoben. Es wird mehr mechanische Arbeit verrichtet. Je größer die Geschwindigkeit eines Körpers ist, umso größer ist seine kinetische Energie.
Dieser Zusammenhang ist auch im Straßenverkehr von Bedeutung: Schnelle Autos brauchen einen längeren Bremsweg als langsame. Damit die Fahrzeuge in Ortschaften nach wenigen Metern zum Stehen kommen, gibt es entsprechende Geschwindigkeitsbegrenzungen.

Wie hängt die kinetische Energie von der Masse eines Körpers ab?

EXPERIMENT 2
Man lässt eine Kunststoffkugel wie in Experiment 1 eine schräge Rinne hinabrollen. Die Strecke, um die der Holzklotz verschoben wird, wird gemessen.
Das Experiment wird mit einer gleich großen Stahlkugel wiederholt.

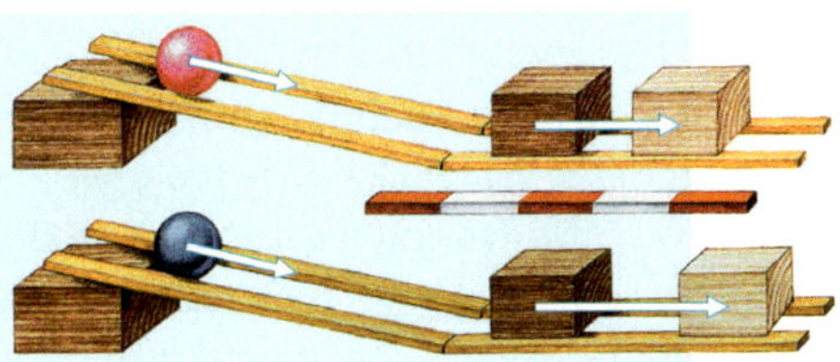
3

Die Stahlkugel schiebt den Holzklotz viel weiter weg. Je größer die Masse der Kugel ist, umso größer ist auch ihre kinetische Energie.

Je größer die Geschwindigkeit und je größer die Masse eines Körpers sind, desto größer ist seine kinetische Energie.

Thermische Energie. Wer eine Form mit heißem Pudding schneller abkühlen will, der stellt sie in ein Becken mit kaltem Wasser. Der Pudding besitzt thermische Energie. Vom heißen Pudding geht Wärme auf das kalte Wasser über. Das merkt man beim Herausnehmen der Puddingform. Das Wasser im Becken ist lauwarm geworden (Bild 1).
Thermische Energie ist die Fähigkeit eines Körpers, Wärme an die kältere Umgebung abzugeben.

1

Chemische Energie. Im Heizhaus eines Kraftwerkes verbrennen Kohle, Öl oder Gas. Diese Stoffe besitzen chemische Energie.
Im Motor eines Pkw verbrennen Benzin, Dieselkraftstoff oder Erdgas. Auch in diesen Stoffen ist chemische Energie gespeichert (Bild 2). Beim Verbrennen werden diese Stoffe umgewandelt. Es entstehen im Wesentlichen Wasserdampf und Kohlenstoffdioxid.
Auch Sprengstoffe besitzen chemische Energie. Die Verbrennung erfolgt explosionsartig in Bruchteilen von Sekunden.

2
Chemische Energie in Erdgas

3
Nahrungsmittel enthalten Energie

4
Energiezufuhr durch Nahrungsaufnahme

Mit der Nahrungsaufnahme führen Menschen und Tiere ihrem Körper chemische Energie zu (Bilder 3 und 4). Diese Energie wird benötigt, um Körperwärme zu erzeugen, mechanische Arbeit zu verrichten, Bewegungen auszuführen und andere komplizierte Lebensfunktionen ausüben zu können.

Elektrische Energie. Unsere elektrische Energie wird in den Generatoren der Wärmekraftwerke, aber auch der Kern-, Wasser-, Sonnen- und Windkraftwerken erzeugt. Von dort gelangt die elektrische Energie in Wohnungen und Industriebetriebe. Quellen elektrischer Energie sind auch Monozellen und Akkumulatoren.

Licht. Licht ist für das Leben auf der Erde die wichtigste Energieform. Es wird ständig in unvorstellbar großen Mengen von der Sonne erzeugt. Licht tritt auch bei chemischen Vorgängen wie beim Verbrennen von Öl in Lampen oder Stearin in Kerzen auf. Schließlich erzeugen auch die verschiedenen Arten von elektrischen Lampen Licht (Bild 5).

5

Umwandlung und Übertragung von Energie

Wenn der Inline-Skater in Bild 1 seine maximale potenzielle Energie erreicht hat, befindet er sich über dem Ende der Bahn. Im nächsten Moment fällt er wieder herab und setzt auf der Bahn auf. Was geschieht in einer solchen Bahn mit der Energie?

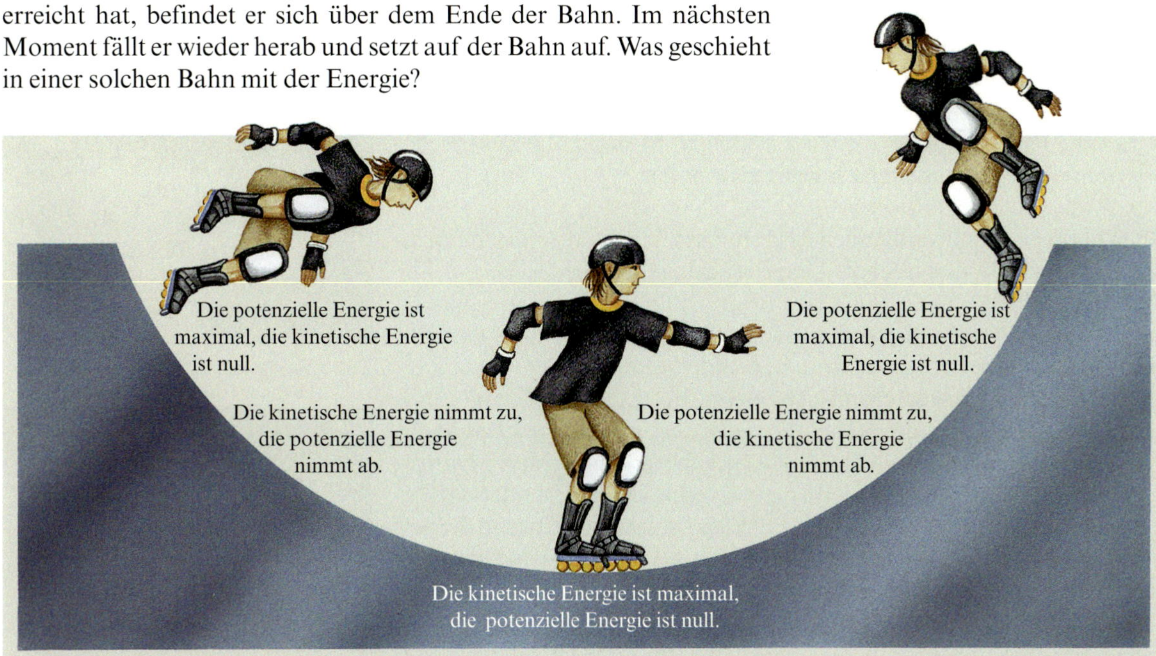

1

Während der Skater den Hang hinabrollt, wird die Fahrt immer schneller. Am tiefsten Punkt ist die potenzielle Energie vollständig in kinetische Energie umgewandelt worden. Wenn die Fahrt dann wieder bergauf geht, wird die kinetische Energie wieder in potenzielle Energie zurückgewandelt. Dabei nimmt die Geschwindigkeit ab.
Ein solcher Umwandlungsprozess lässt sich vereinfacht in einem Energieflussdiagramm darstellen (Bild 2):

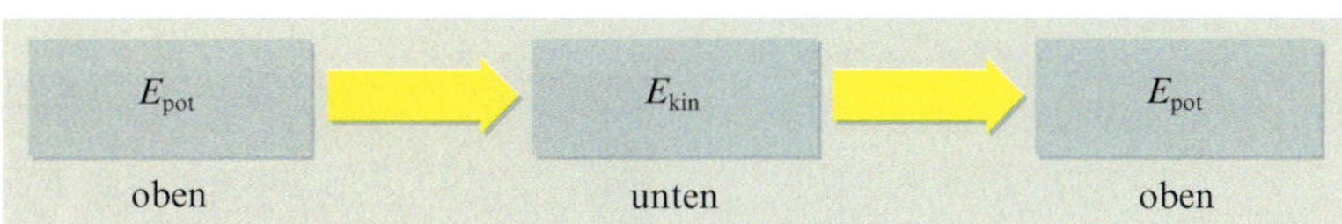

2

Eine ähnliche Umwandlung zwischen potenzieller Energie und kinetischer Energie findet auch statt, wenn man mit dem Fahrrad durch ein Tal rollt. Allerdings macht sich dabei die Reibung deutlich bemerkbar. Auf der gegenüberliegenden Seite erreicht man ohne zu treten längst nicht mehr die ursprüngliche Höhe. Durch die Reibung findet eine Umwandlung von mechanischer Energie in thermische Energie statt.

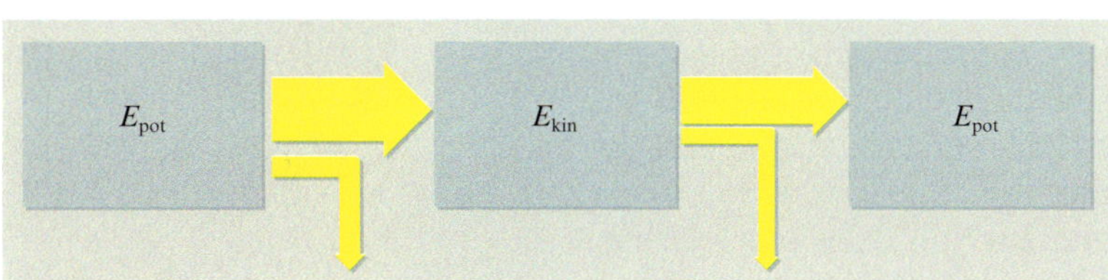

3

4

Auch zwischen anderen Formen der Energie können Umwandlungen stattfinden. Ein Beispiel zeigt Bild 1.

- Die Energie des Sonnenlichtes wird von den Solarzellen in elektrische Energie umgewandelt.
- Die elektrische Energie gelangt zu einem Akkumulator, der sie umwandelt und in Form von chemischer Energie speichert.
- Bei Bedarf gibt der Akkumulator wieder elektrische Energie ab.
- Für die Parkscheinausgabe wird in kleinen Motoren die elektrische Energie in mechanische Energie umgewandelt.

Auch bei diesen Umwandlungen wird stets ein Teil der Energie in Form von thermischer Energie an die Umgebung abgegeben.

Energie kann von einer Energieform in eine andere umgewandelt werden.

1

Ein Energiewandler

In unseren Muskeln wird chemische Energie in thermische Energie und kinetischer Energie umgewandelt. Diese Bewegungsenergie kann dann z. B. durch die Hand auf eine Bowlingkugel übertragen werden. Solange die Kugel auf der Bahn rollt, bleibt diese Energie fast unverändert. Trifft die Kugel jedoch auf die Kegel, so überträgt sie einen Teil ihrer Energie. Die Kegel fallen dadurch um und werden zum Teil weggeschleudert.

Der Wind überträgt einen Teil seiner kinetischen Energie mithilfe der Flügel der Windturbine auf den Generator. Im Generator wird diese kinetische Energie in elektrische Energie umgewandelt. Durch Leitungen wird die elektrische Energie in die Haushalte übertragen. Dort wird sie z. B. in thermische Energie umgewandelt und zum Kochen und Backen genutzt.

Ein Autoakkumulator enthält chemische Energie. Beim Entladen wird sie in elektrische Energie umgewandelt. Die Leitungen übertragen die elektrische Energie u. a. auf den Scheibenwischermotor. Dort wird die elektrische Energie in mechanische Energie umgewandelt.

2

Energieübertragung

Energie kann von einem Körper auf einen anderen übertragen werden.

Eine Energieübertragung zwischen zwei Körpern ist auch möglich, ohne dass die Körper unmittelbar in Kontakt miteinander stehen. Beispielsweise kann thermische Energie durch strömendes heißes Wasser in Heizungsrohren aber auch durch Wärmestrahlung übertragen werden.

3

Elektrische Geräte als Energiewandler. Vielfältig sind die Formen der Energieumwandlung bei elektrischen Geräten. Besonders einfach ist die Umwandlung von elektrischer Energie in thermische Energie. Sie erfolgt z. B. in Wasserkochern, Heizplatten (Bild 3), Föhnen, Waschmaschinen und Heizlüftern. In diesen Geräten fließt der elektrische Strom durch einen Draht, der ihm einen großen Widerstand entgegensetzt und sich dadurch erhitzt. In Glühlampen erfolgt das so stark, dass der Draht sogar glüht und dadurch Licht aussendet.
In Elektromotoren erfolgt eine Umwandlung von elektrischer Energie in kinetische Energie. Dabei wird der Elektromagnetismus genutzt.

4

Fossile Energieträger

Wichtige Energieträger sind Kohle, Erdöl und Erdgas. Man nennt sie auch **fossile Energieträger,** weil sie schon vor sehr langer Zeit entstanden sind.
Die chemische Energie dieser Energieträger kann durch Verbrennen leicht in thermische Energie umgewandelt werden. In den Wärmekraftwerken wandeln dann Turbinen und Generatoren die thermische Energie zunächst in mechanische und schließlich in elektrische Energie um.

Die elektrische Energie aus Wärmekraftwerken ist relativ billig. In den niedrigen Preis werden aber nicht die großen Schäden eingerechnet, die durch diese Kraftwerke verursacht werden. Sie entstehen vor allem durch die Verbrennungsgase. Weiterhin wird die Umwelt durch das Abbauen von Kohle in Tagebauen, das Anlegen von Abraumhalden, durch Erdöl- und Erdgasleitungen erheblich beeinträchtigt (Bild 1).

1
Tagebau

Besonders groß sind die Schäden, wenn aus den riesigen Tankern Öl ausläuft. „Ölteppiche“ mit einer Ausdehnung von vielen Quadratkilometern bewegen sich dann auf die Küsten zu, die Strände werden stark verschmutzt. Durch diese „Ölpest“ sterben viele Pflanzen und Tiere.

Regenerative Energieträger

Wegen der oben angeführten Nachteile bemühen sich die Physiker und Techniker in aller Welt um die Erschließung neuer, umweltfreundlicher Energieträger. Diese Energieträger nennt man in Bezug auf Kohle, Erdöl, Erdgas und Uran für Kernkraftwerke **alternative Energieträger.** Will man betonen, dass sich diese Energievorräte immer wieder erneuern, so spricht man von **regenerativen** (erneuerbaren) **Energieträgern.**

Wasser. Der z. Z. wichtigste regenerative Energieträger ist in Deutschland das Wasser. In Bächen und Flüssen fließt es im Sommer und im Winter Tag und Nacht. Wasser kann hinter Staudämmen angestaut werden. Dadurch vergrößert sich einerseits seine potenzielle Energie. Andererseits kann man je nach Bedarf viel oder wenig Wasser durch die Turbinen fließen lassen. Man kann die Elektrizität vor allem dann erzeugen, wenn man sie braucht. Dadurch lassen sich Schwankungen im Verbrauch zu den verschiedenen Tages- und Nachtzeiten ausgleichen. Außerdem kann man einen gewissen Wasservorrat für Trockenperioden schaffen.

2
Assuan-Staudamm (Ägypten)

Die Energie des Wassers kann nur an wenigen Stellen des jeweiligen Landes zur Elektrizitätserzeugung genutzt werden. Dabei verändert die Anlage von Stauseen das Landschaftsbild grundlegend. In der Regel wird das Wasser von Bächen und Flüssen angestaut. Es gelangt dann durch Rohrleitungen zu den Turbinen.
Vereinzelt gibt es auch Gezeitenkraftwerke (Bild 3). Bei Flut fließt das Meereswasser in einen Stausee hinein und bei Ebbe wieder heraus. Dabei treibt es Turbinen an.

3
Gezeitenkraftwerk St. Malo (Frankreich)

Wind. Der Wind ist für Deutschland z. Z. der zweitwichtigste regenerative Energieträger. Er kann Tag und Nacht wehen sowie im Sommer wie im Winter. Allerdings schwankt die Windgeschwindigkeit an vielen Standorten sehr stark. Es ist auch möglich, dass mehrere Tage lang gar keine nennenswerte Nutzung erfolgen kann oder dass die Turbinen wegen Sturm abgeschaltet werden müssen.
Die Energie des Windes gewinnt auch in Deutschland eine immer größere Bedeutung. Zu den windreichen Gegenden gehören die Meeresküsten. Dort werden die Turbinen zunehmend im Meer aufgestellt.

1

Sonnenstrahlung. Die regenerative Energie der Sonne steht auch in Deutschland in großen Mengen zur Verfügung. Im Sommer erreicht uns allerdings um ein Vielfaches mehr Sonnenenergie als im Winter und nachts kann ein Solarkraftwerk gar nicht arbeiten.
Unter günstigen Bedingungen erreicht die Sonnenstrahlung in Deutschland eine Leistung von etwa 1 000 W je Quadratmeter auf der Erdoberfläche. Deshalb müssen zur Nutzung der regenerativen Energie der Sonne die Kraftwerke große Flächen einnehmen.
Wenn Sonnenlicht auf eine Solarzelle trifft, wird es unmittelbar in elektrische Energie umgewandelt. Das erfolgt auch dann, wenn die Sonne durch Wolken verdeckt ist. Allerding ist dann die Ausbeute an Elektrizität geringer. Unter besten Bedingungen kann man z. Z. pro Quadratmeter Solarfläche eine elektrische Leistung von 100 W erzeugen.

2

Nachwachsende Brennstoffe. Unsere Wälder werden bewirtschaftet und unsere Felder werden bestellt. Die Pflanzen wandeln die Sonnenenergie mit ihrem Chlorophyll in chemische Energie um. Aus Wasser und Kohlenstoffdioxid entstehen organische Stoffe wie z. B. Stärke, Zucker und Zellulose. Auf diese Weise wird z. B. auf einem Getreidefeld von 1 ha (100 m × 100 m) pro Tag eine chemische Energie von etwa 5 GJ gespeichert. Wenn das Stroh nicht für andere Zwecke benötigt wird, so kann man es in einem Strohkraftwerk verbrennen.
Die Biologen suchen nach weiteren Pflanzen, die bei schnellerem Wachstum eine möglichst große brennbare Biomasse liefern.
Man kann auch Früchte speziell zur Erzeugung der so genannten Bioenergie anbauen z. B. Raps. Aus dem Rapsöl wird dann ein Kraftstoff für den Antrieb von Dieselmotoren hergestellt – Biodiesel (Bild 4).

3

Biogas und Deponiegas. In Tierintensivhaltungen (z. B. Rinder, Schweine und Hühner) fallen große Mengen organischer Stoffe an. Diese nutzt man zur Erzeugung von Biogas. Dazu bringt man die Ausscheidungen der Tiere und das Streumaterial in den Ställen sowie Futtermittelreste gemeinsam mit Wasser in große Tanks. Dort erzeugen Bakterien aus den organischen Stoffen das Gas Methan. Die chemische Energie dieses Biogases wird durch Verbrennen in thermische Energie umgewandelt, die bei der Futterzubereitung und zur Heizung verwendet wird.
Methan entsteht auch in den Deponien, auf denen Holz- oder Papierreste sowie anderer Haushaltsmüll abgelagert werden. Die Deponien werden mit Kunststofffolien abgedeckt. Das Gas wird aus Bohrungen abgesaugt. Dieses so genannte Deponiegas kann z. B. zum Heizen verwendet werden.

4

Arten und Prinzip von Kraftwerken

Wasserkraftwerk. Wasserkraftwerke befinden sich in der Regel am Fuße von Staudämmen, hinter denen das Wasser in Form eines Stausees gespeichert ist. Dieses Wasser strömt in dicken Rohren zu den Wasserturbinen in der Turbinenhalle. Dabei wandelt sich seine potenzielle Energie in kinetische um.
Beim Auftreffen auf die Turbinenschaufeln hat das Wasser seine größte kinetische Energie. Diese Energie wird auf das Turbinenlaufrad übertragen. Dadurch verlässt das Wasser die Turbine mit einer sehr kleinen Geschwindigkeit. An die Turbine ist ein Generator angeschlossen. Dieser wandelt die mechanische Energie in elektrische Energie um.
Ein Pumpspeicherwerk ist eine besondere Form des Wasserkraftwerks.

1
Wasserkraftwerk

Die Energie des Wassers wird schon seit Jahrtausenden genutzt. In bergigen Ländern wie zum Beispiel in Norwegen oder in der Schweiz wird fast die gesamte elektrische Energie in Wasserkraftwerken erzeugt. In Deutschland wird von Wasserkraftwerken nur etwa 4,1 % der elektrischen Energie bereitgestellt. Neue große Wasserkraftwerke entstehen fast ausschließlich in wenig industrialisierten Ländern, in denen noch der Bau großer Staudämme möglich ist.

Windkraftwerk. Das Wirkprinzip einer Windturbine besteht darin, dass die bewegte Luft auf die gekrümmten und schräg stehenden Rotorblätter auftrifft und dadurch den Rotor in Drehbewegung versetzt. Die strömende Luft wird dabei abgebremst. Der größte Teil ihrer kinetischen Energie wird in die kinetische Energie der Turbine umgewandelt. Auf der Rotorwelle befindet sich auch der Generator. Er wandelt die mechanische Energie der Windturbine in elektrische Energie um.

2
Windpark

Es haben sich Windturbinen mit 3 Flügeln durchgesetzt. Die im Jahre 2004 in Deutschland hergestellten größten Turbinen besitzen einen Rotordurchmesser von 114 m und eine Höhe von 124 m. Sie sind damit höher als der Kölner Dom.
Ihre Nennleistung liegt bei 4,5 MW. Bei einer Windgeschwindigkeit von 4 m/s – das entspricht Windstärke 3 – gehen diese Windturbinen in Betrieb. Bei 12 m/s erreichen sie ihre Nennleistung. Bei einer Geschwindigkeit von 25 m/s – das ist Windstärke 10 – werden die Flügel in Windrichtung gestellt und die Turbine wird abgeschaltet.

Im Jahre 2003 wurden weltweit etwa 40 GW Elektrizität mit Windturbinen erzeugt, in Europa waren es 29 GW.
Im Jahre 2004 stellten die Windturbinen in Deutschland 15 GW elektrischen Strom bereit. Im Freistaat Sachsen waren das etwa 2 % der benötigten elektrischen Energie und im Bundesland Schleswig-Holstein bereits 36 %.

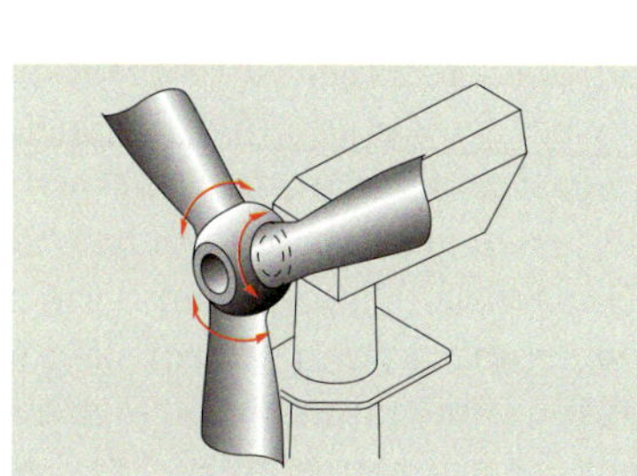
3
Dreiblattrotor

Natürlich haben die Windkraftwerke auch Nachteile. Sie sind weithin sichtbar und verändern damit das Bild der Landschaft. Auch können sie den Fernsehempfang beeinträchtigen und Lärm verursachen. Vögel können bei ihrer Brut oder Rast gestört werden.

Solarkraftwerk. Die Umwandlung der Energie der Sonnenstrahlung in elektrische Energie ist auf zwei Wegen möglich. Der erste besteht darin, dass man die Sonnenstrahlung mit einem großen Hohlspiegel sammelt. In dessen Brennpunkt ist ein Dampfkessel (der mit einer Turbine verbunden ist) oder ein Heißluftmotor angeordnet. Diese werden durch die Sonnenstrahlung erhitzt. Dampfturbine oder Heißluftmotor treiben einen Generator an, der die mechanische Energie in Elektroenergie umwandelt (Bild 1).
Solche Hohlspiegel haben jedoch den Nachteil, dass sie gedreht und geneigt werden müssen, damit die Sonnenstrahlung immer parallel zur optischen Achse einfällt. Solarkraftwerke dieser Art sind vor allem für tropische und subtropische Länder von Bedeutung, in denen die Sonne täglich viele Stunden kräftig scheint.

1
Hohlspiegel mit Dampfkessel

Der zweite Weg zur Umwandlung der Energie der Sonnenstrahlung in elektrische Energie besteht in der Verwendung von Solarzellen. Sie brauchen nicht dem Sonnenstand nachgeführt werden.

Ein großes Solarkraftwerk Deutschlands befindet sich zurzeit am Neurather See (Bild 2). Es ist am Hang eines ehemaligen Braunkohletagebaus montiert. Die Solarzellen liefern die elektrische Energie zur Versorgung von 70 Haushalten.
Solche Solarkraftwerke erfordern eine sehr große Fläche. Auf dieser Fläche ist nur wenig Pflanzenwuchs möglich. Die Solarmodule am Neurather See nehmen eine Fläche von 8 000 m^2 ein.

2
Solarkraftwerk

Wärmekraftwerk. Die chemische Energie von Kohle, Erdöl und Erdgas kann durch Verbrennen leicht in thermische Energie umgewandelt werden. Mit der Wärme wird in Kesseln heißer Wasserdampf erzeugt. Der Wasserdampf gelangt zu den Dampfturbinen. Sie besitzen eine große Zahl von Laufrädern, die vom Dampf nacheinander durchströmt werden. Dabei dehnt sich der Dampf immer mehr aus und kühlt sich ab. Die Turbinen treiben Generatoren an, die die mechanische Energie in elektrische umwandeln.
Die Leistung eines großen Wärmekraftwerks liegt bei etwa 1 Gigawatt.

Wärmekraftwerke können auch mit regenerativen Energieträgern betrieben werden. Sie heißen dann Müllverbrennungskraftwerke, Strohkraftwerke o. ä.

3
Wärmekraftwerk

Auch Kernkraftwerke sind Wärmekraftwerke. In diesen Kraftwerken entsteht die thermische Energie dadurch, dass Atomkerne von radioaktiven Stoffen (meist Uran) gespalten werden.
Die bei der Kernspaltung entstehenden neuen Stoffe senden noch sehr lange Zeit die gefährliche Kernstrahlung aus. Man muss deshalb dafür sorgen, dass keine radioaktiven Stoffe aus dem Kernreaktor austreten. Die nach der Umwandlung der Kernenergie in thermische Energie nicht mehr brauchbaren „Brennstäbe“ müssen sicher gelagert werden. Es dürfen keine radioaktiven Stoffe in das Grundwasser, den Boden oder die Luft gelangen können. Diese Stoffe würden die Gesundheit und das Leben von Menschen, Tieren und Pflanzen gefährden.

4
Kernkraftwerk

Energie nach Bedarf

Viele Kraftwerke werden so betrieben, dass ihre Leistung über lange Zeit gleich bleibt. Der Bedarf an elektrischer Energie ist jedoch nicht den ganzen Tag über konstant. In der Mittagszeit wird besonders viel, in den Nachtstunden besonders wenig Energie benötigt. Daher wurde nach Möglichkeiten gesucht, in der Nacht die überschüssige Energie zu speichern, um sie am Tage nach Bedarf zur Verfügung zu stellen.
Die Kraftwerke erzeugen elektrische Energie, aber elektrische Energie lässt sich nicht ohne weiteres speichern. Auch wäre eine Speicherung als chemische Energie in großen Akkumulatoren sehr teuer.
Daher wird in so genannten **Pumpspeicherwerken** die elektrische Energie in mechanische Energie umgewandelt. Ein Pumpspeicherwerk besteht aus einem oberen und einem unteren Speicherbecken mit Wasser. Die Becken sind durch Rohrleitungen miteinander verbunden. Im Maschinenraum befinden sich Pumpen, Elektromotoren und Turbinen.
In der Nacht wird das Wasser nach oben gepumpt. Frühmorgens fließt es dann wieder nach unten und treibt die Turbinen an. Jetzt arbeiten die Elektromotoren als Generatoren und erzeugen elektrischen Strom.
Im oberen Speicherbecken hat das Wasser eine große potenzielle Energie. Beim Abwärtsfließen in den Rohrleitungen wandelt sich die potenzielle Energie in kinetische Energie um.
In den Elektromotoren wird elektrische Energie in mechanische umgewandelt. Dadurch befördern Pumpen das Wasser nach oben.
In den Turbinen und Generatoren erfolgt wieder eine Umwandlung der mechanischen Energie in elektrische Energie. Dadurch ist es im Pumpspeicherwerk möglich, nachts die nicht benötigte elektrische Energie als potenzielle Energie des Wassers zu speichern und tagsüber die elektrische Energie wieder zurückzugewinnen.
Im Pumpspeicherwerk wird die Energie nicht nur von einer Energieform in eine andere umgewandelt. Sie wird auch von einem Körper auf einen anderen übertragen. So überträgt das Wasser nach dem Herabströmen seine Energie mithilfe der Turbine auf den Generator.

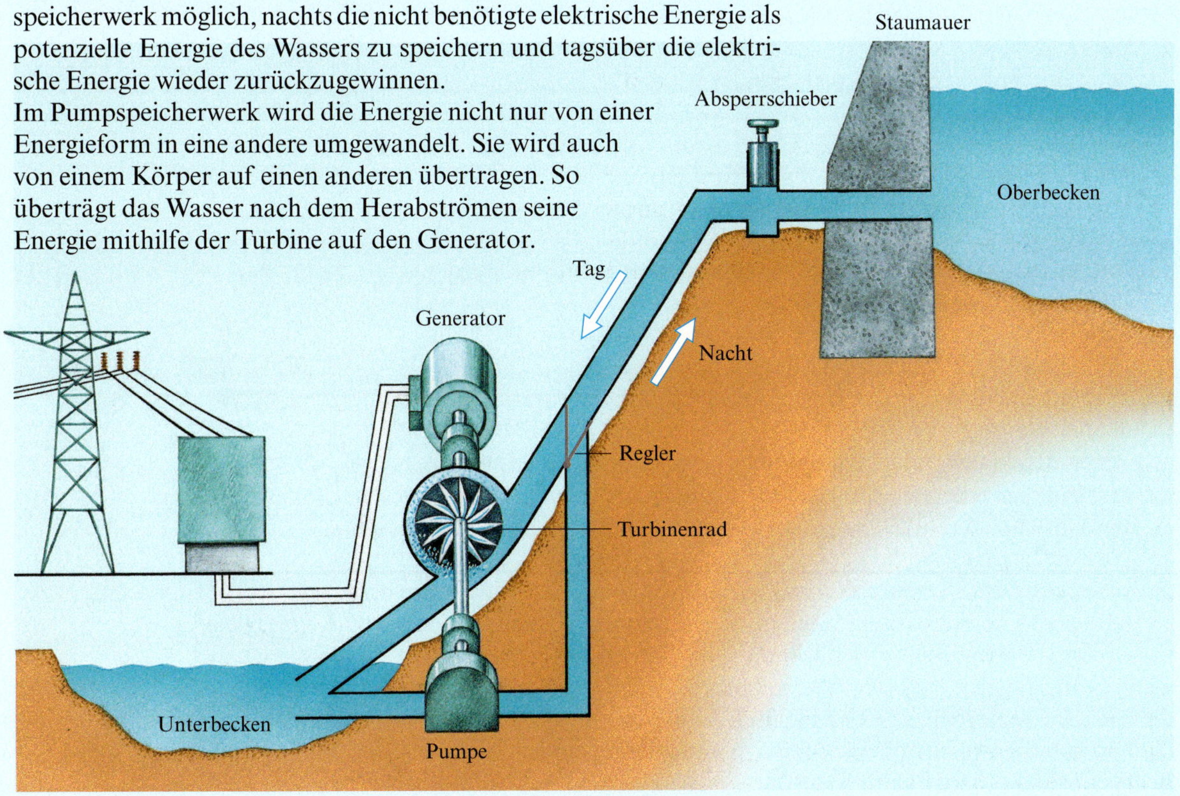

1

Wind als alternative Energiequelle

Die Energie des Windes wird bereits seit über 5000 Jahren bei Segelschiffen genutzt. Seit über 1000 Jahren gibt es Windmühlen. Die Form der Windenergieanlagen hat sich im Laufe der Zeit sehr verändert.

1

AUFTRAG 1
1 Informiert euch in Nachschlagewerken über die verschiedenen Arten von Windenergieanlagen. Sucht dabei nach Worten wie Bockwindmühle, Paltrockmühle, Holländerwindmühle, Amerikanische Windturbine (Wild-West-Windmühle), Darrieus-Rotor, Savonius-Rotor, Windturbine mit Einblatt-, Zweiblatt- und Dreiblattrotor!
2 Ordnet die Windkraftanlagen nach solchen mit horizontalen und vertikalen Rotorwellen. Nennt Vorzüge und Nachteile dieser Arten!
3 Stellt eine Schautafel über die historische Entwicklung der Windkraftanlagen her. Gebt technische Daten der einzelnen Typen an!

Einfache Windkraftanlagen könnt ihr selbst herstellen:

AUFTRAG 2 (Gruppe A)
1 Baut euch aus einem Fahrraddynamo, 2 breiten Holzleisten und 4 Getränkedosen eine Windturbine mit vertikaler Welle!
2 Befestigt sie an einem Stab und bringt sie in den Wind!
3 Mit dieser Windturbine lässt sich eine Glühlampe kaum betreiben. Besser geeignet sind Leuchtdioden. Die beste Lichtausbeute erzielt ihr, wenn ihr die Dioden wie abgebildet schaltet!

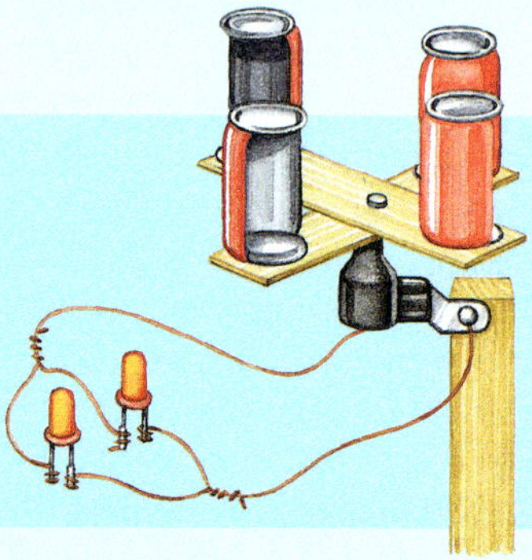
2

AUFTRAG 3 (Gruppe B)
1 Stellt aus einem elektrischen Kleinstmotor (Spielzeugmotor) und einem Propeller eine Windturbine mit horizontaler Welle her. Der Rotor kann aus dem Deckel einer Blechdose geschnitten werden! (Motor und Propeller gibt es auch in Geschäften für Bastlerbedarf.)
2 Ermittelt mit einem elektrischen Messgerät die Lage der Pole eures „Windkraftwerks", wenn es sich im Wind dreht!
3 Verbindet den Motor mit einer „leeren", aber wiederaufladbaren Monozelle (Akku).
Verbindet den positiven Pol mit dem positiven Pol der Monozelle und in entsprechender Weise die negativen Pole!
4 Betreibt eure Windturbine einige Minuten mit Wind. Beobachtet auch die Drehgeschwindigkeit des Propellers bei geöffnetem und bei geschlossenem Stromkreis!
5 Öffnet den Stromkreis und nehmt die Windturbine mit in einen windgeschützten Raum. Schließt dort den Stromkreis erneut!

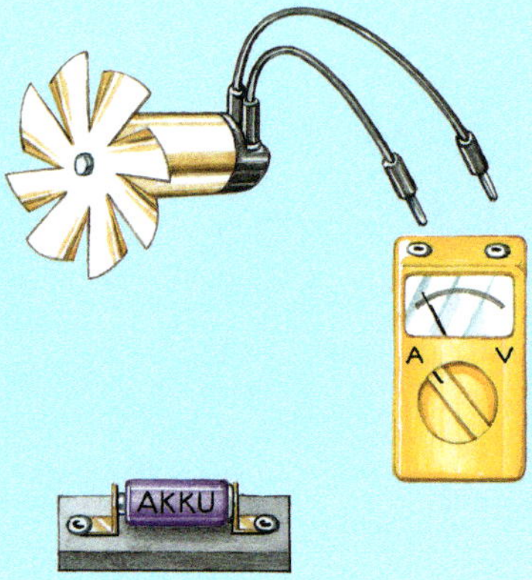

3

Drehen sich die von euch hergestellten Windturbinen bei jeder Windrichtung? Erklärt eure Beobachtungen!

Weißt du es? Kannst du es?

1. Begründe, dass ein Gebirgssee, ein überhängendes Gletscherstück, eine Schnee- und eine Gerölllawine Energie besitzen!
2. Nenne Küchengeräte und die Energieformen, die für ihren Betrieb erforderlich sind!
3. Du hast eine elektrische Eisenbahn, ein Rückstoßboot mit Kerzenantrieb, ein Auto mit Schwungradantrieb und ein Schiff mit Federantrieb. Welche Energieformen werden in diesen Spielzeugen genutzt?
4. Kuckucksuhren werden von „Gewichten" angetrieben. Bei einem alten Wecker wird eine Feder aufgezogen, moderne Uhren arbeiten mit Monozellen. Welche Energieformen treten auf?
5. Bei Windkraftwerken trifft Wind auf die Rotorblätter, bei Wasserkraftwerken Wasser auf die Turbinenschaufeln. Bei Wärmekraftwerken gelangt Dampf in die Turbinen. Bei manchen Solarkraftwerken reflektiert ein Hohlspiegel Wärmestrahlung zum Heizkessel, bei anderen trifft das Licht auf Solarzellen. Welche Energieformen werden bei den einzelnen Anlagen genutzt?
6. Bei folgenden Vorgängen tritt eine Umwandlung von Energieformen auf. Beschreibe sie!
   a) Schwingen eines Uhrpendels,
   b) Springen eines Balls,
   c) sich drehender Fahrraddynamo mit Lampe,
   d) leuchtende Energiesparlampe,
   e) elektrische Zeigeruhr mit Batterie,
   f) eingeschaltete Kochplatte.
7. Entwirf eine Skizze, wie man das Regenwasser aus einer Dachrinne speichern kann, um es später bei Trockenheit zum Sprengen des Gartens ohne Pumpe zu nutzen!
8. Zeichne in Form einer Kette die Energieumwandlung und Übertragung der Energie in einem Spielzeugauto mit Batterieantrieb!
9. Ein Pkw mit Insassen hat eine Masse von 1200 kg. Welche potenzielle Energie besitzt er in Oberwiesenthal (930 m ü. N. N.) gegenüber seinem Ausgangsort Leipzig (120 m ü. N. N.)?
10. Nenne Gründe, weshalb alternative Energiequellen genutzt werden müssen!
11. Nenne die Vorteile folgender Maßnahmen:
    - Nutzung nachwachsender Rohstoffe,
    - Rückgewinnung von Energie aus Abfällen,
    - Aufbringen von Sonnenkollektoren auf Dächern!

Kurz und knapp!

Energie ist die Fähigkeit, mechanische Arbeit zu verrichten, Wärme abzugeben oder Licht auszusenden.
Formelzeichen: *E*
Einheit: Joule (J)

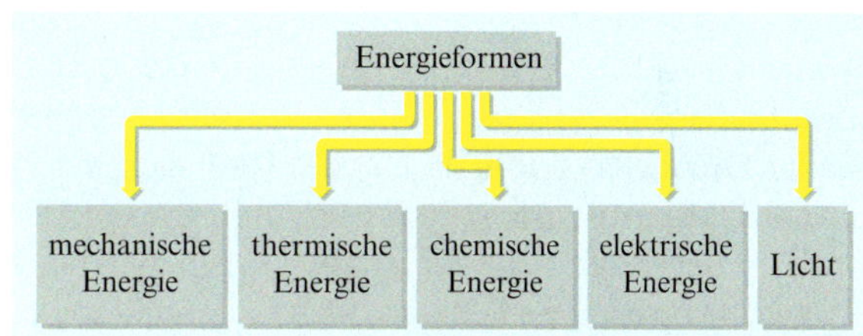

Energie kann von einer Energieform in eine andere umgewandelt und von einem Körper auf einen anderen übertragen werden.

Wichtige alternative Energiequellen sind
- der Wind,
- die Biomasse,
- das fließende und gestaute Wasser und
- die Sonne.

Die immer stärkere Nutzung alternativer Energiequellen leistet einen wichtigen Beitrag zum Umweltschutz.

Energieerhaltungssatz

1

Vor 100 Jahren gab es in Norddeutschland noch 20 000 Windmühlen. 1933 waren es 4 500. Heute findet man nur noch wenige solcher Mühlen, die funktionstüchtig sind. Andererseits nimmt die Anzahl der Windturbinen immer mehr zu.
Mit ihnen wird elektrische Energie bereitgestellt.
Könnte man auch die alten Windmühlen dafür nutzen?

Perpetuum mobile

Es ist ein uralter Traum der Menschheit, eine Maschine zu erfinden, die sich ganz von allein ständig bewegt. Eine solche Maschine, der man nur einmal Energie zuführen muss, um sie in Bewegung zu setzen, nennt man **Perpetuum mobile.** Ein Perpetuum mobile soll nicht nur endlos in Bewegung bleiben, sondern auch noch nützliche Arbeit verrichten.
Das Perpetuum mobile in Bild 2 wurde von Leonardo da Vinci entwickelt. Es besteht aus einem drehbaren Rad, in dem Rinnen von der Mitte nach außen verlaufen. Auf jeder Rinne befindet sich eine Kugel. Diese laufen auf der linken Seite nach innen. Dort befinden sie sich nahe bei der Drehachse und können vom Rad leicht nach oben bewegt werden. Auf der rechten Seite ist ihr Abstand von der Drehachse jedoch viel größer. Hier wirken sie mit einem langen Arm auf das Rad ein und bewegen es deshalb nach unten. Das Rad müsste sich also ständig rechts herum drehen, weil die äußeren Kugeln immer wieder die inneren links oben anheben. Das geschieht aber nicht! – Die Kugeln müssen nämlich auf der linken Seite genau so weit angehoben werden, wie sie sich auf der rechten Seite wieder nach unten bewegen.

1715 und 1717 baute J. E. E. Bessler, der sich „Orffyreus" nannte, in Merseburg zwei große Perpetua mobilia (Bild 1 auf der folgenden Seite). Diese drehten sich ständig und konnten außerdem über einen Seilzug schwere Lasten heben .
Sogar der Mathematiker und Philosoph G. W. Leibniz, der den Grundsatz aufgestellt hatte, dass ein Perpetuum mobile unmöglich ist, hat diese Wunderräder sehr gelobt. Sie erwiesen sich jedoch als Schwindel. Sie wurden aus dem Nebenraum mit den Händen angetrieben.

2

Perpetuum mobile nach einem Entwurf von Leonardo da Vinci

3

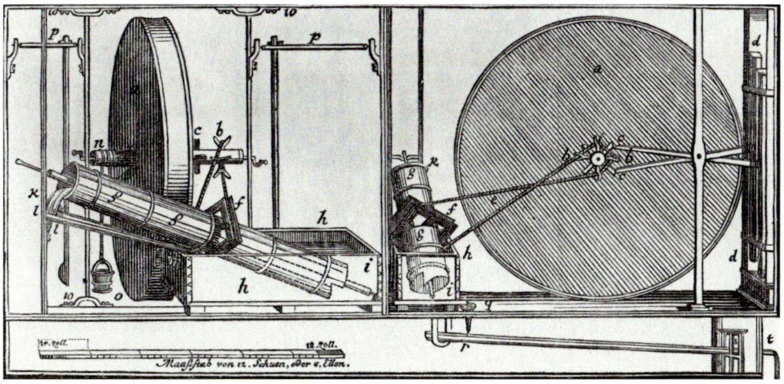
1

Perpetuum mobile des Orffyreus: Die vertikalen Räder hatten eine Höhe von etwa 3,5 m.

Auch heute werden noch oft Entwürfe für ein Perpetuum mobile von „Erfindern" beim deutschen Patentamt in München eingereicht. Sie werden allerdings nicht mehr geprüft – so sicher ist man, dass eine solche Maschine niemals funktionieren wird.

Die Energie lässt sich von einer Energieform in eine andere umwandeln. Dabei geht keine Energie verloren; es entsteht aber auch keine Energie. Diese Erkenntnis haben die Physiker im Energieerhaltungssatz formuliert.

Energieerhaltungssatz:
Bei keinem Vorgang kann Energie neu entstehen oder verschwinden. Bei einer Energieumwandlung ändert sich der Gesamtbetrag der Energie nicht.

Das Gesetz von der Erhaltung der Energie gilt immer. Nur kann man immer einen Teil der umgewandelten Energie nicht nutzen.

Wirkungsgrad

Durchfährt ein Radfahrer ein Tal, so erreicht er – ohne zu treten – auf der gegenüberliegenden Seite nicht mehr die ursprüngliche Höhe. Seine mechanische Energie ist geringer geworden. Wie ist das mit dem Energieerhaltungssatz vereinbar? Zwar nimmt die mechanische Energie des Radfahrers ab, sie wird aber nach und nach durch den Luftwiderstand und die Reibung beim Rollen in den Lagern und auf der Straße in thermische Energie umgewandelt.

2

Für die Gesamtenergie gilt damit der Energieerhaltungssatz, obwohl die mechanische Energie des Fahrers immer kleiner wird. Der Physiker ist mit dieser Erklärung zufrieden, der Techniker jedoch nicht.

Der Radfahrer ist 20 m bergab gefahren und hat danach wieder eine Höhe von 15 m erreicht. Das sind nur 75 % der ursprünglichen Höhe. Dass die anderen 25 % in Wärme umgewandelt wurden, interessiert ihn nicht, da man diese Energie nicht nutzen kann. Er sagt: Das Rad fährt schlecht, es hat einen geringen Wirkungsgrad.

Solche Überlegungen führt der Techniker auch bei anderen Geräten und Maschinen durch, z. B. bei den Pkw. In den einzelnen Zylindern eines Pkw-Motors explodiert schnell aufeinander folgend ein Gemisch aus Kraftstoff und Luft. Dabei entsteht eine hohe Temperatur. Die Verbrennungsgase dehnen sich aus und bewegen die Kolben im Motor (Bild 1). Auf diese Weise entsteht aus der chemischen Energie des Kraftstoffs die mechanische Energie für den Antrieb des Pkw. Aber nicht die gesamte thermische Energie wird in mechanische Energie umgewandelt. Der Motor wandelt nur etwa 1/3 der chemischen Energie in mechanische Energie um! Und wo bleiben nun die restlichen 2/3 der chemischen Energie? Sie gehen nicht verloren! Sie wurden bei der Verbrennung in thermische Energie umgewandelt Diese Energie kann nicht mehr zum Antrieb genutzt werden (Bild 2). Sie wird vom Kühlwasser und vom Auspuff an die Umgebung abgegeben. Allerdings nutzt man im Winter einen Teil dieser Energie für die Heizung des Innenraums des Pkw.
Für die praktische Anwendung ist aber nur der Teil der Energie von Bedeutung, der in die gewünschte Form umgewandelt wird. Im Falle des Pkw-Motors ist das 1/3 der zugeführten thermischen Energie. Nur dieses Drittel steht als mechanische Energie für den Antrieb des Autos zur Verfügung.

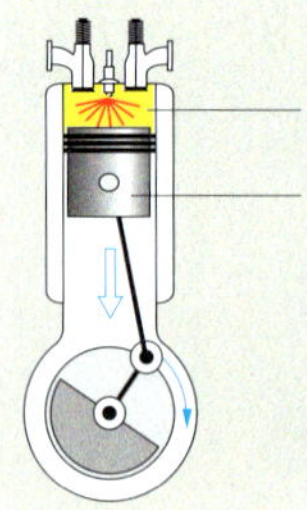

1

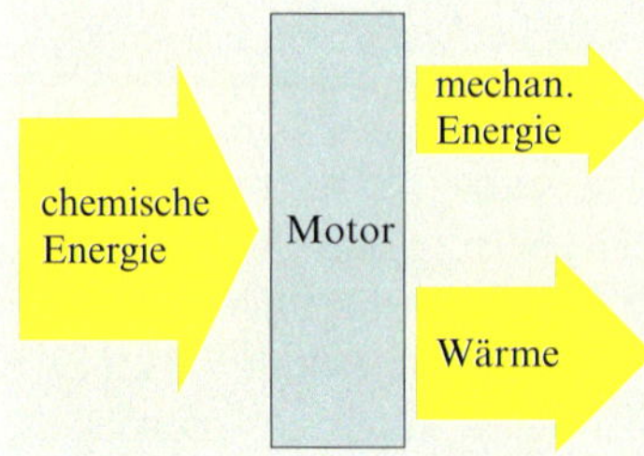

2

Das alte Mühlrad der Wassermühle in Graupzig lädt die Besucher zum Schaumahlen ein. Auch an anderen kleinen Bächen haben früher Wassermühlen gestanden (Bild 3). Heute würde man statt eines Wasserrades eine kleine Turbine einbauen. Eine solche Turbine, an die ein Generator angeschlossen ist, kann viel mehr von der mechanischen Energie des Wassers in elektrische Energie umwandeln, als das mit einem Wasserrad möglich ist.

3

Um diese Wirtschaftlichkeit zu kennzeichnen, verwenden die Physiker den Begriff Wirkungsgrad.

Der Wirkungsgrad gibt an, wie gut oder schlecht eine Anlage eine Energieform in eine andere umwandelt.

Will man herausfinden, wie gut das Mühlrad, die Wasserturbine oder der Pkw-Motor die Energie ausnutzen, so muss man die von ihnen genutzte Energie mit der zugeführten Energie vergleichen. Dazu setzt man die genutzte Energie ins Verhältnis zur zugeführten Energie. Auf diese Weise erhält man den Wirkungsgrad eines Gerätes oder einer Anlage.
Man kann den Wirkungsgrad entweder als Dezimalbruch oder in Prozent angeben. Im Falle eines Pkw-Motors beträgt der Wirkungsgrad 0,33. Das entspricht 33%. Die Wirkungsgrade verschiedener Geräte und Anlagen sind unterschiedlich groß. Sie sind aber stets kleiner als 100%.

Nicht nur ein Pkw-Motor, sondern auch ein Elektromotor erwärmt sich, wenn er in Betrieb ist. Der Elektromotor erwärmt sich aber nicht so stark wie ein Pkw-Motor. Deshalb ist der Wirkungsgrad eines Elektromotors wesentlich größer (siehe Tabelle).

Energiewandler	Wirkungsgrad in %
Dampfmaschine	10
Solarzelle	12
offenes Kaminfeuer	15
Benzinmotor	30
Dieselmotor	bis 40
Dampfturbine	40
Sonnenkollektor	50
Ofenheizung	60
Elektrokochplatte	65
Koksheizung	70
Durchlauferhitzer (Erdgas)	80
Zentralheizung (Öl, Gas)	85
Elektromotor	bis 95
Generator	bis 95
Tauchsieder	98

Bau eines Energiewandlers

Baut Energiewandler, erklärt ihre Wirkungsweise und präsentiert sie! Im Folgenden findet Ihr einige Anregungen. Findet selbst noch weitere Energiewandler.

Wasserrad und Wasserturbine. Die wesentlichen Energiewandler der Kraftwerke sind Wasser-, Wind- und Dampfturbinen. Sie wandeln die kinetische Energie von Wasser, Luft und Dampf in kinetische Energie der Turbinenwelle um. Im Generator wird dann die mechanische Energie in elektrische umgewandelt.

AUFTRAG 1

1 Schneidet in den Mantel einer Konservendose 6 bis 8 fensterartige Öffnungen! Diese Öffnungen können vom Deckel bis zum Boden der Dose reichen und sollten etwa 2 cm breit sein. An einer Seite bleiben die Fenster mit dem Dosenmantel verbunden.
2 Öffnet die Fensterflügel um 90 Grad nach außen!
3 Durchbohrt Boden und Deckplatte der Dose jeweils in der Mitte! Steckt als Achse eine Stricknadel in die Bohrungen!
4 Durchbohrt zwei etwa 30 cm langes dünne Holzleisten in der Nähe ihres oberen Endes!
5 Schiebt die Enden der Achse in die Löcher in den Holzleisten und steckt die Anordnung in den Boden eines Baches. Setzt sie so tief, dass die Flügel des Rades in das Wasser eintauchen! (Falls kein Bach zur Verfügung steht, erzeugt euch selbst ein fließendes Gewässer.)

1

AUFTRAG 2

1 Schneidet von einer Konservendose aus Blech den unteren Teil ab, sodass ein etwa 2 cm breiter Rand des Zylindermantels am Boden der Dose verbleibt.
Benutzt dazu eine Metallsäge und eine Blechschere. Geht sehr sorgfältig mit den Werkzeugen und der Dose um. Besonders die Schnittkanten sind sehr scharf!
2 Bohrt genau in die Mitte des Bodens ein Loch von 4 mm Durchmesser!
3 Schneidet den am Dosenboden verbliebenen Blechstreifen im Abstand von jeweils 2 cm vertikal bis zum Dosenboden mehrmals ein und biegt die entstandenen Metallzungen nach unten!
4 Schneidet jede Zunge am Boden mehr als 1 cm ein und biegt die eingeschnittenen Teile alle in der gleichen Richtung so um, dass sie eine schaufelförmige Form erhalten!
5 Schraubt das Antriebsrad eines Fahrraddynamos ab, steckt das Turbinenrad auf das Gewinde und befestigt es mit einer Mutter. Schließt eine Glühlampe (3,8 V; 0,05 A) an den Dynamo!
6 Befestigt den Dynamo an einem großen Holzklotz und richtet den Strahl eines dünnen Wasserschlauches auf eure Turbinenschaufeln!

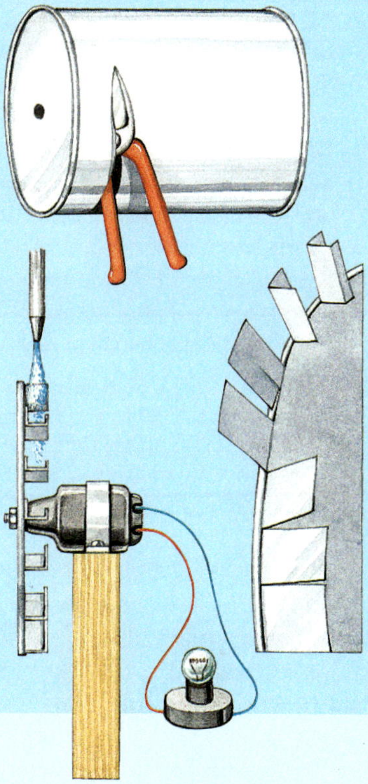

2

Land- und Wasserfahrzeug mit Gummimotor. Durch Verdrillen von Gummi kann in einem Gummimotor potenzielle Energie gespeichert werden. Beim Antreiben von Fahrzeugen wird sie dann in kinetische Energie umgewandelt.

AUFTRAG 3

1 Bohrt in die Mitte von Boden und Deckel einer runden Keksdose von mindestens 20 cm Durchmesser je ein Loch. Die Löcher sollen so groß sein, dass ein Metall- oder Kunststoffrohr von 1 cm bis 2 cm Durchmesser und 20 cm bis 30 cm Länge straff hineinpasst.
2 Schiebt in das Rohr einen oder mehrere große Paketgummis hinein, sodass sie nur wenig auf beiden Seiten herausragen!
3 Steckt durch die Gummis an einem Ende des Rohres einen kurzen Holzstab von etwa 1/2 cm Durchmesser. Befestigt ihn mit Klebeband an dem Rohrende!
4 Schiebt in entsprechender Weise durch die Gummis am anderen Ende des Rohres einen gleich dicken Holzstab von etwa 25 cm Länge. Sein eines Ende soll nur wenige Zentimeter aus der Gummischlaufe herausragen.
5 Verdrillt den Gummi im Rohr durch Drehen am langen Stabende!
6 Stellt die Dose nach mindestens 200 Umdrehungen auf den Fußboden und lasst sie los!

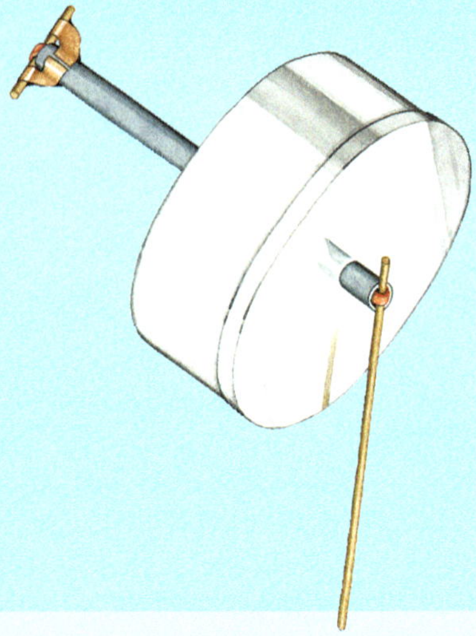

1

AUFTRAG 4

1 Bohrt in die Mitte des Bodens und des Deckels einer großen Kunststoffflasche je ein Loch von etwa 4 mm Durchmesser!
2 Biegt eine Briefklammer auseinander und bringt an deren einem Ende eine Schiffschraube aus Kunststoff an, die einen Durchmesser von etwa 4 cm hat!
3 Schiebt auf das andere Ende der Briefklammer einige kleine Perlen. Steckt dann dieses Ende von außen durch das Loch im Schraubverschluss und biegt es um 180 Grad um!
4 Bringt in Inneren des Deckels ein kleines Fettpolster an!
5 Schiebt durch das Loch im Boden der Flasche einen Haken, den ihr ebenfalls aus einer Briefklammer gebogen habt!
6 Spannt zwischen diesem Haken und dem umgebogenen Ende der gegenüberliegenden aufgebogenen Klammer an der Schiffsschraube einen oder mehrere Paketgummis!
7 Beschwert die Flasche in der Nähe ihrer Öffnung mit einem Holzstück von etwa 50 g Masse, das ihr anklebt!
8 Verdrillt den Gummi mehr als 200-mal und bringt euer Boot ins Wasser!

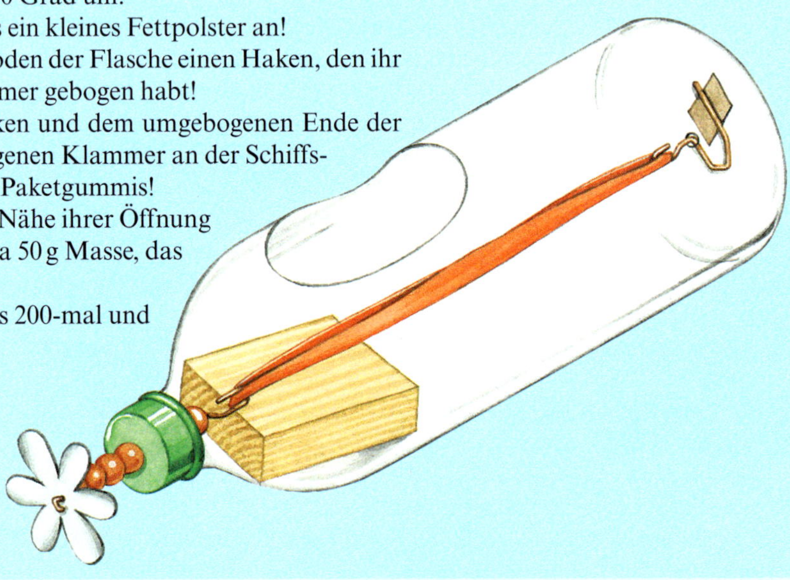

2

Weißt du es ? Kannst du es

1. Ein Mixer darf nur etwa 15 min lang eingeschaltet bleiben. Schon nach wenigen Minuten Betrieb tritt aus den Kühlschlitzen warme Luft aus.
   Welche Energieumwandlungen vollziehen sich? Welche sind erwünscht, welche nicht?
2. Ein Dieselmotor hat einen Wirkungsgrad von 40 %. Im Tank befinden sich 50 l Dieselkraftstoff. Wie viel Liter werden für die Arbeit genutzt? Die Energie von wie viel Litern Kraftstoff wird als Wärme an die Umgebung abgegeben?
3. Bestimme die Abnahme an mechanischer Energie bei einem Spielzeug-Jo-Jo für eine Ab- und Aufbewegung! Miss dazu die Ausgangshöhe und die Endhöhe! Wie viel Prozent der Ausgangsenergie bleiben erhalten?
4. Manche Pkw besitzen eine Klimaanlage. Mit dieser kann nicht nur im Winter geheizt, sondern auch im Sommer gekühlt werden. Im Sommer benötigt sie für eine Strecke von 100 km zusätzlich 1,2 l Benzin.
   Welche Meinung hast du dazu?
5. Welche Angaben können nicht stimmen?
   Motor a) genutzte Energie: 300 kJ;
   zugeführte Energie: 400 kJ
   Motor b) genutzte Energie: 200 kJ;
   zugeführte Energie: 300 kJ
   Motor c) genutzte Energie: 300 kJ;
   zugeführte Energie: 200 kJ
6. Begründe, warum der Wirkungsgrad einer Anlage zur Energieumwandlung stets kleiner als 1 ist!
7. Nenne Geräte und Anlagen, die mit einem besonders hohem und solche die mit geringem Wirkungsgrad arbeiten!
8. Die Leistung eines Wasserrades beträgt 2 kW. Im Rad „fällt das Wasser“ 3 m nach unten. Wie viel Wasser müsste pro Stunde durch das Wasserrad laufen, wenn die gesamte potenzielle Energie des Wassers in nutzbare kinetische Energie gewandelt würde.
   Wie groß ist die Wassermenge bei einem Wirkungsgrad von 40 %?
9. Für schnelles Radfahren ist eine Leistung von etwa 250 W erforderlich. 100 g Pommes frites enthalten 800 kJ chemische Energie. Wie viel Pommes frites müsste man essen, um 1 Stunde lang Rad zu fahren (der Wirkungsgrad des menschlichen Körpers bei der Umwandlung von chemischer in mechanische Energie liegt bei 20 %).

1

Kurz und knapp !

Jede Energieumwandlung erfolgt mit einem bestimmten Wirkungsgrad.
Der Wirkungsgrad gibt an, welcher Teil der zugeführten Energie in nutzbare Energie umgewandelt wird.

Der Wirkungsgrad kann im Höchstfall 100 % betragen.

Energieerhaltungssatz:
Bei keinem Vorgang kann Energie neu entstehen oder verschwinden. Bei einer Energieumwandlung ändert sich der Gesamtbetrag der Energie nicht.

Wie viel Energie braucht der Mensch?

1

2

3

Der Mensch braucht Energie, damit die Lebensvorgänge im Körper ablaufen können und damit er sich bewegen kann. Außerdem muss die Körpertemperatur aufrechterhalten werden, denn wir geben ständig Wärme an unsere Umgebung ab.
Solange wir leben, ist unser Körper warm und bei großer Anstrengung (z. B. beim Sport) wird uns regelrecht heiß.

Für das Wachstum und den Erhalt unseres Körpers müssen dauernd Zellen für Knochen, Haut, Haare und Blut hergestellt werden. Auch dafür wird ständig Energie benötigt.

Woher stammt die Energie? Wir nehmen sie mit unserer Nahrung in Form von chemischer Energie auf. Die chemische Energie wird in unserem Körper umgewandelt. Es laufen chemische Reaktionen ab – ähnlich einer Verbrennung.

Wenn Kohle verbrannt wird, entstehen thermische Energie, Asche und Rauch. Für die Verbrennung ist Sauerstoff erforderlich.
Die Verbrennung in unserem Körper erfolgt langsam in vielen Teilschritten. Den nötigen Sauerstoff atmen wir mit der Luft ein. In der Lunge gelangt der Sauerstoff ins Blut und dieses transportiert ihn zum Ort der „Verbrennung", z. B. in die Muskeln.
Die „Asche" dieser Verbrennung sind Wasser, das Gas Kohlenstoffdioxid und so genannte Ballaststoffe. Du scheidest sie beim Ausatmen und durch Niere und Darm aus.

Auch die Nährstoffe könnten wir im Ofen verbrennen und die dabei frei werdende Energie als Wärme nutzen. Tatsächlich wird der Energiegehalt von Lebensmitteln so gemessen und deshalb auch Brennwert genannt.
Dabei findet man, dass ein Gramm Fett (z. B. Butter) ungefähr 40 kJ enthält. Ein Gramm Kohlenhydrate (z. B. Zucker) oder Eiweiße enthalten dagegen nur 17 kJ.
Wie viel Energie wir mit der Nahrung zu uns nehmen, hängt also von ihrer Zusammensetzung ab.

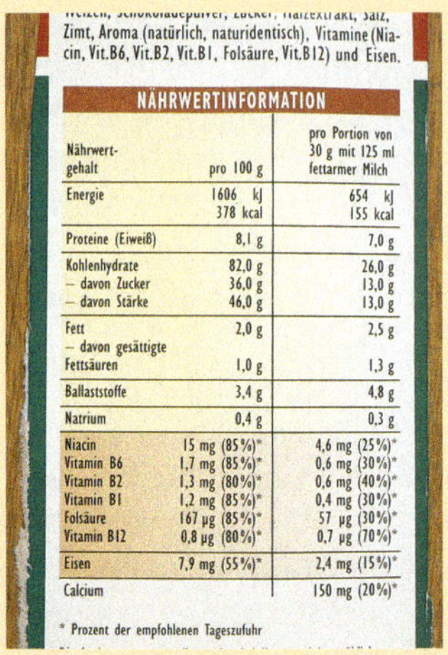
Zimt, Aroma (natürlich, naturidentisch), Vitamine (Niacin, Vit.B6, Vit.B2, Vit.B1, Folsäure, Vit.B12) und Eisen.

NÄHRWERTINFORMATION

Nährwertgehalt	pro 100 g	pro Portion von 30 g mit 125 ml fettarmer Milch
Energie	1606 kJ 378 kcal	654 kJ 155 kcal
Proteine (Eiweiß)	8,1 g	7,0 g
Kohlenhydrate	82,0 g	26,0 g
– davon Zucker	36,0 g	13,0 g
– davon Stärke	46,0 g	13,0 g
Fett	2,0 g	2,5 g
– davon gesättigte Fettsäuren	1,0 g	1,3 g
Ballaststoffe	3,4 g	4,8 g
Natrium	0,4 g	0,3 g
Niacin	15 mg (85%)*	4,6 mg (25%)*
Vitamin B6	1,7 mg (85%)*	0,6 mg (30%)*
Vitamin B2	1,3 mg (80%)*	0,6 mg (40%)*
Vitamin B1	1,2 mg (85%)*	0,4 mg (30%)*
Folsäure	167 µg (85%)*	57 µg (30%)*
Vitamin B12	0,8 µg (80%)*	0,7 µg (70%)*
Eisen	7,9 mg (55%)*	2,4 mg (15%)*
Calcium		150 mg (20%)*

* Prozent der empfohlenen Tageszufuhr

4

Auf der Verpackung findest du Angaben über Zusammensetzung und Energiegehalt des Lebensmittels.

Energiegehalt von Nahrungsmitteln

Nahrungsmittel (100 g)	Energiegehalt in kJ
Butter	3 100
Schokolade	2 300
Zucker	1 700
Schnitzel	1 100
Roggenbrot	900
Pommes frites	800
Hühnerei	670
Kartoffeln	300
Milch	270
Mineralwasser	0

Energiegehalt von Lebensmitteln. Wenn du die Verpackungen von Lebensmitteln genau studierst, findest du oft eine Angabe mit der Einheit Kilojoule (kJ): „100 g des Quarkdesserts enthalten 535 kJ." Der Becher enthält 200 g Quark. Nach seinem Verzehr hast du also 1 070 kJ zu dir genommen. Würde diese Energie an 3 Liter Wasser von 10 °C abgegeben, würde es zum Sieden kommen.

Wie viel Energie brauchen wir? Der Energiebedarf des Körpers hängt vom Alter und natürlich von der Tätigkeit ab: Kinder im Wachstum brauchen mehr Energie als Erwachsene und bei schwerer körperlicher Arbeit braucht man mehr als beim Spazierengehen.

Als Radfahrer weißt du, wie anstrengend es ist, eine Strecke von 20 km in einer Stunde zu fahren. Die Energie, die dafür nötig ist, ist in einer Tafel Schokolade enthalten!

350 kJ | 1 000 kJ | 2 100 kJ | 1 500 kJ

1 Der Energiebedarf in einer Stunde

Aber selbst wenn du ganz ruhig im Bett liegst oder in einem Sessel sitzt, braucht dein Körper Energie: Du atmest, dein Herz schlägt und die Körpertemperatur muss gehalten werden. Da diese meist höher als die Temperatur der Umgebung ist, fließt ständig Energie an die Umgebung.

Im Ruhezustand beträgt bei einem Erwachsenen der Energiebedarf pro Zeit etwa 100 J/s. Diesen Wert bezeichnet man als Grundumsatz. – Zehn Menschen geben etwa so viel thermische Energie ab wie ein Heizlüfter.

Der Körper als Energiespeicher. Wenn der Mensch mehr und reichhaltiger isst als er an Energie benötigt, sorgt der Körper für „schlechtere Zeiten" vor und legt in Form von Fettpölsterchen einen Speicher chemischer Energie an. Um 10 000 kJ Energie zu speichern, setzt der Körper 250 Gramm Fett an.
Da sich viele Menschen falsch ernähren und sich zu wenig bewegen, ist die Übergewichtigkeit zu einem großen Problem geworden.

Energiebedarf pro Zeit bei verschiedenen Tätigkeiten (Leistungsumsatz) in J/s

Schlafen	60 bis	80
Liegen (Grundumsatz)	etwa	100
Stehen		140
Bügeln		300
Gehen (6 km/h)	200 bis	400
Radfahren (20 km/h)	400 bis	800
Schwimmen	300 bis	800
Sägen	600 bis	900
Bäume fällen	500 bis	1 400

Energiebedarf an einem Tag in kJ

Alter in Jahren	Jungen/ Männer	Mädchen/ Frauen
9 bis 12	9 700	8 800
12 bis 15	11 700	10 500
15 bis 18	13 000	10 500
18 bis 35	11 700	9 700
35 bis 60	10 100	8 400

Junge Menschen brauchen besonders viel Energie.

Aufgaben

1. Ein Stück Käsekuchen enthält etwa 1 750 kJ. Wie lange müsstest du wandern, Rad fahren oder Volleyball spielen, um diese Energie zu verbrauchen?
2. Notiere an drei aufeinander folgenden Tagen alles, was du isst und trinkst. Ermittle den Energiegehalt! Deckst du damit deinen Energiebedarf?
3. Was müsstest du tun, um 1 kg Körperfett durch Bewegung abzutainieren? Nenne verschiedene Möglichkeiten!

Körper im Gleichgewicht

Gleichgewichtsarten

Wie gelingt es Hochseilartisten, auf dem schmalen runden Seil das Gleichgewicht zu halten? Sie fahren sogar mit einem Motorrad auf dem Seil und unten hängen noch weitere Artisten.
Würden wir die Artisten fragen, welche Darbietungen für sie einfach sind und welche kompliziert, so wären wir wahrscheinlich überrascht. Schwierig ist es, wenn man ohne alle Hilfsmittel auf dem Seil läuft. Um Gleichgewicht zu halten, muss der Artist ganz schön mit den Armen rudern! Mit einer Balancierstange geht das offenbar leichter.
Wie kommt das?

1

2

Man kann für jeden einzelnen Fall angeben, wie sehr sich der Artist anstrengen muss, um das Gleichgewicht zu halten. Es gibt physikalische Gesetze, die den einzelnen Darbietungen zugrunde liegen.

Gleichgewichtsarten. Man unterscheidet zwischen 3 Gleichgewichtsarten, dem stabilen, dem indifferenten und dem labilen Gleichgewicht. Die Unterschiede lassen sich sehr leicht am Beispiel einer Kugel, die auf einer Unterlage liegt, deutlich machen.

1

Stabile Gleichgewichtslage
(lat. stabilis:
feststehend, zuverlässig)

Ein stabiles Gleichgewicht liegt z. B. dann vor, wenn sich eine Kugel in einer Mulde befindet. Die Kugel liegt dort stabil. Wendet man eine Kraft auf, so entfernt sich die Kugel etwas von der Mulde. Hört die Einwirkung der Kraft aber auf, so rollt die Kugel sofort wieder in ihre ursprüngliche Lage zurück.

2

Indifferente Gleichgewichtslage
(lat. indifferens:
gleichgültig, unentschieden)

Man spricht von einer indifferenten Gleichgewichtslage wenn sich die Kugel auf einer horizontalen Ebene befindet, z. B. wenn sie auf einer Glasplatte liegt. Die Kugel bleibt auf dieser Ebene an jeder Stelle liegen. Bringt man die Kugel an eine benachbarte Stelle, so bleibt sie auch dort ruhig liegen.

3

Labile Gleichgewichtslage
(lat. labilis:
schwankend)

Die Kugel befindet sich in einer labilen Gleichgewichtslage wenn man sie z. B. an den höchsten Punkt eines gleichmäßig gekrümmten Hügels bringt. Mit viel Geduld kann man erreichen, dass sie dort still liegen bleibt. Meist gelingt das nur für kurze Zeit. Wenn die Kugel nur ein sehr kleines Stück von ihrer Gleichgewichtslage entfernt wird, so wirkt auf sie eine Kraft, die sie immer stärker von dieser Lage wegzieht.

Die Worte „stabil“ und „labil“ im Alltag. Will man im täglichen Leben eine unverändert gute Lage kennzeichnen, so benutzt man das Wort „stabil“. Man spricht z. B. von einer stabilen Gesundheit, wenn man keine Beschwerden hat. Und wenn sich das schöne Wetter über lange Zeit nicht ändert, dann nennt man die Wetterlage „stabil“.
Wenn dagegen z. B. ein Mitschüler seine Meinung oft ändert und wenn man sich auf ihn nicht verlassen kann, dann spricht man von einer labilen Haltung.
Somit werden die Worte „stabil“ und „labil“ im täglichen Sprachgebrauch in ähnlicher Weise wie in der Physik benutzt.

Der Schwerpunkt

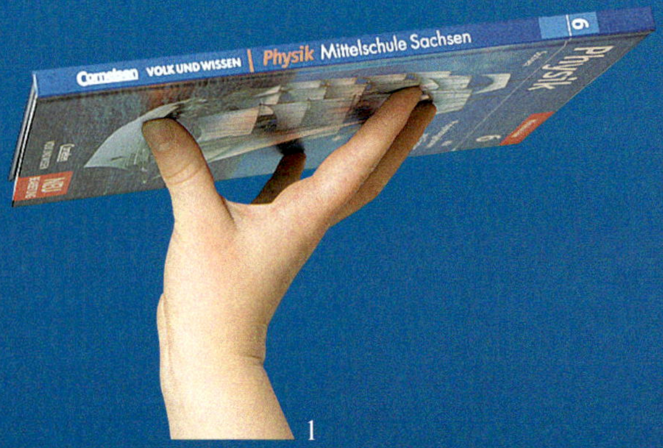

1

2

Ein Buch auf der gespreizten Fingern zu halten ist nicht schwer. Du kannst es sogar auf einer Fingerspitze balancieren.
Es zeigt sich, dass es einen ganz bestimmten Punkt gibt, bei dessen Unterstützung das Buch nicht nach unten fällt. Durch die Schwerkraft würde das Buch fallen. Also muss die Wirkung der Schwerkraft auf das gesamte Buch durch die Unterstützung in diesem einen Punkt aufgehoben werden.
Man muss sich vorstellen, dass die gesamte Schwerkraft im Unterstützungspunkt angreift und dass durch die Muskelkraft des Fingers das Gleichgewicht gehalten wird.

Es gibt bei jedem Körper einen Punkt, der als Angriffspunkt der Schwerkraft betrachtet werden kann. Dieser Punkt heißt **Schwerpunkt** des Körpers.

EXPERIMENT 1

Bestimme den Schwerpunkt eines regelmäßig geformter Körpers!

1 Zeichne mit einem Zirkel auf dünne Pappe einen Kreis von etwa 20 cm Durchmesser und schneide die Kreisscheibe aus.
2 Halte einen Bleistift mit der Spitze nach oben und lege die Scheibe mit ihrem Mittelpunkt darauf.
3 Zeichne ein Quadrat auf dünne Pappe. Ziehe von jeder Ecke zur gegenüberliegenden eine gerade Linie und schneide die quadratische Scheibe aus.
4 Unterstütze die Scheibe am Schnittpunkt der beiden Linien mit der Spitze des Bleistifts.

3

Beide Scheiben befinden sich im stabilen oder indifferenten Gleichgewicht. Der Unterstützungspunkt ist der Schwerpunkt der jeweiligen Scheibe.

Um einen Körper im Gleichgewicht zu halten, braucht man ihn nur in seinem Schwerpunkt zu unterstützen.

AUFGABEN

1 Bestimme die Lage des Schwerpunktes deines Geodreiecks. Befestige den Faden zum Aufhängen mit einem Stück Klebeband!
2 Welche Art des Gleichgewichtes liegt beim Rad fahren vor?

Die Lage des Schwerpunktes unregelmäßig geformter Körper kann man im einfachsten Falle durch Probieren ermitteln.

EXPERIMENT 2

Bestimme den Schwerpunkt eines unregelmäßig geformten Körpers!

1 Strecke deine beiden Zeigefinger horizontal aus, sodass sie etwa 100 cm voneinander entfernt von deinem Körper weg gerichtet sind.
2 Lege auf die Zeigefinger einen Besen.
3 Bewege die Zeigefinger langsam aufeinander zu, ohne dass der Besen kippt.
4 Unterstütze den Besenstil an der Stelle, die zwischen deinen beiden Fingern liegt, mit nur einem Zeigefinger.

1

Der Besen befindet sich in einem stabilen oder indifferenten Gleichgewicht. Der Unterstützungspunkt ist der Schwerpunkt des Besens.

Eine weitere Möglichkeit, den Schwerpunkt eines unregelmäßig geformten Körpers zu bestimmen, besteht darin, mehrere Schwerelinien zu ermitteln und deren Schnittpunkt zu konstruieren.

EXPERIMENT 3

1 Zeichne auf eine dicke Pappe die Umrisse von Deutschland oder einem Land deiner Wahl. Schneide den Umriss aus.
2 Stich in der Nähe des Randes 2 oder 3 Löcher hinein.
3 Hänge den Körper zunächst am 1. Loch an einem Faden frei auf und zeichne das Lot unter dem Aufhängepunkt.
4 Verfahre mit den anderen Löchern ebenso.
5 Lege den Körper an der Schnittstelle der Linien auf die Spitze eines Bleistiftes!

2

Die gezeichneten Linien, die dem Verlauf des Lotes folgen, nennt man Schwerelinien. Der Schnittpunkt der Schwerelinien eines Körpers ist der Schwerpunkt.

AUFGABEN

1 Bild 3 zeigt den Schnitt durch ein Stehaufmännchen. In welcher Gleichgewichtslage befindet es sich?

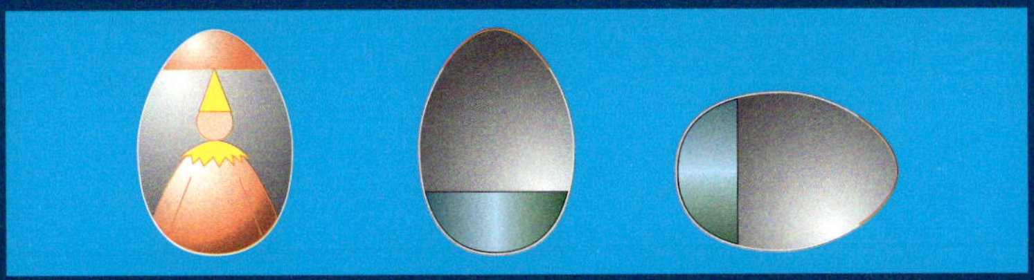
3

2 Baue ein Stehaufmännchen! Blase ein Hühnerei aus und fülle das stumpfe Ende zu etwa einem Drittel mit Gipsbrei. Lasse den Gips erhärten!
Erkläre, warum sich das Männchen von selbst wieder aufrichtet!
3 Versuche ähnliche Balancierkunststücke wie in Bild 4!

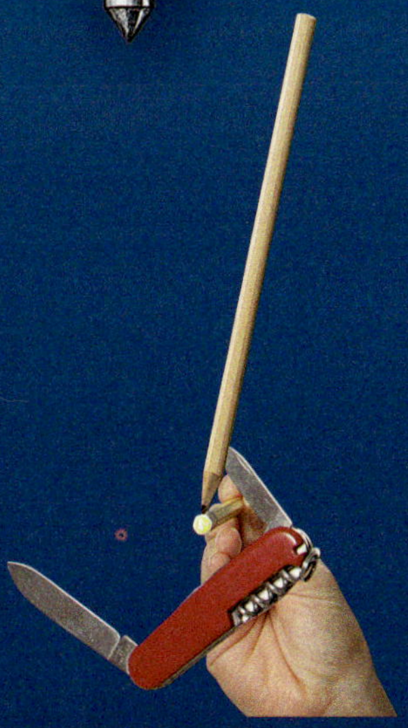
4

Gleichgewichtslage und Schwerpunkt

Wenn man die Gleichgewichtsart eines Körpers kennzeichnen möchte, so ist das durch die Angabe von Schwerpunkt und Drehachse sehr gut möglich. Der Holzklotz in den Bildern 1 bis 3 hat zwei Bohrungen, in die eine Drehachse hineingesteckt werden kann. Die eine Bohrung befindet sich in seinem Schwerpunkt, die andere an einem Ende.

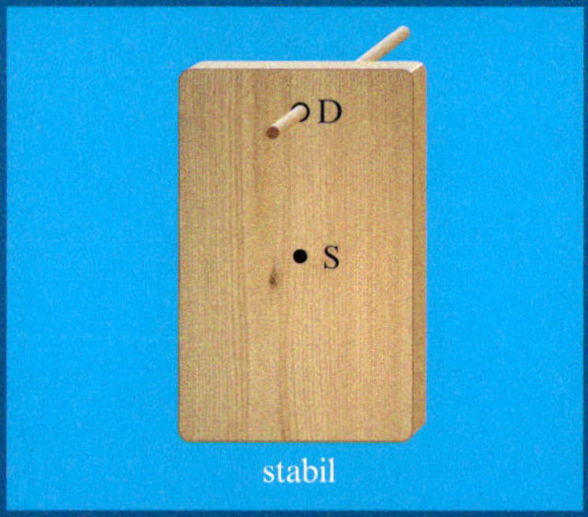

1

Der Schwerpunkt liegt senkrecht unter der Drehachse. Dadurch besitzt der Körper eine stabile Gleichgewichtslage. Nach dem Auslenken kehrt er immer wieder in diese Lage zurück.

2

Die Drehachse verläuft durch den Schwerpunkt. Die Gleichgewichtslage ist indifferent. Der Holzkörper kann in jede beliebige Lage gebracht werden.

3

Der Schwerpunkt liegt senkrecht über der Drehachse. Das bedingt ein labiles Gleichgewicht. Bereits eine kleine Kraft ruft eine Drehung um 180° hervor. Dadurch wird das labile Gleichgewicht in ein stabiles umgewandelt.

Standfestigkeit

Bauwerke müssen eine ausreichend große Standfestigkeit besitzen. Nur dann ist es möglich, dass z. B. bei Sturmböen die Kippkräfte keinen Schaden an dem Gebäude anrichten können. Auch Fahrzeuge mit vier und mehr Rädern müssen eine hohe Standfestigkeit besitzen. Gefährdet sind diese Fahrzeuge nicht nur bei starkem Seitenwind, sondern auch bei der Fahrt durch eine Kurve.
Will man Gebäude und Fahrzeuge mit hoher Standfestigkeit bauen, so muss man wissen, von welchen Größen die Standfestigkeit abhängt.
Die Standfestigkeit eines Körpers ist umso größer, je größer seine Standfläche ist, je tiefer sein Schwerpunkt liegt und je größer seine Gewichtskraft ist.

4

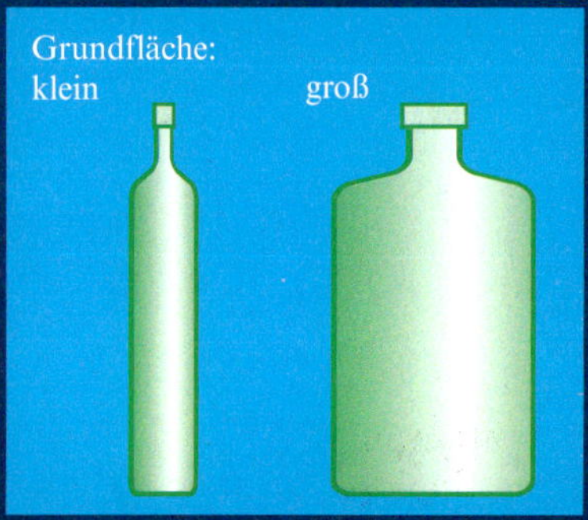

5

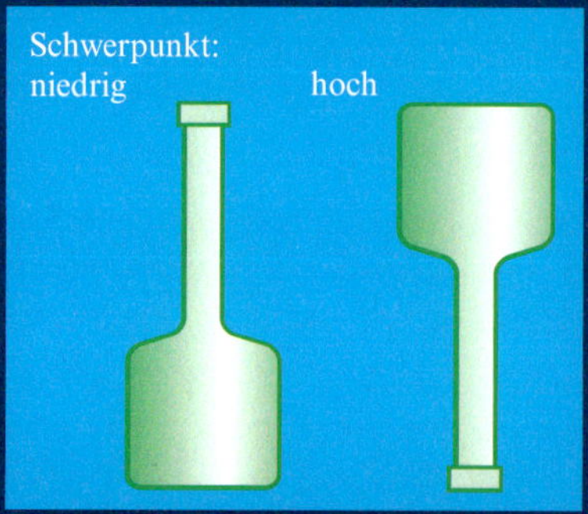

6

7

Aus diesen Erkenntnissen lassen sich viele praktische Ratschläge ableiten. So ist z. B. am Eifelturm zu erkennen, dass die Grundfläche bewusst groß gewählt wurde (Bild 3). Kleine Pkw werden so konstruiert, dass sich ihre Räder weit vorn und hinten und weit außen befinden (Bild 1). Wenn man einen Wagen belädt, so sollten alle schweren Teile möglichst tief liegen und die leichten obenauf gepackt werden (Bild 2). Dadurch liegt der Schwerpunkt tief.

1

2

3

Wann kippt ein Körper um?

Wann ein Körper tatsächlich umkippt, kann man genau voraussagen. Im Bild 4 ist ein Holzquader dargestellt, der immer mehr geneigt wird. So lange sich der Schwerpunkt über der Standfläche befindet, bleibt der Körper stehen. Wenn sich der Schwerpunkt außerhalb der Auflagefläche des Körpers befindet, kippt er um.

4

5

AUFGABEN

1 Warum werden Motor und Benzintank in einem Auto möglichst tief eingebaut?
2 Warum besitzen Rennboote und Segelyachten einen Kiel aus Blei?
3 Beurteile das artistische Können in den Bildern 1 bis 3 auf S. 74. Überlege dir, wo jeweils der Schwerpunkt liegt! Warum erleichtert die Benutzung einer durchhängenden Balancierstange das Arbeiten von Hochseilartisten?
4 Erkläre, warum der schiefe Turm von Pisa nicht umfällt!
5 Die Standfestigkeit einer Blumenvase kann sich über Nacht so stark ändern, dass sie umkippt. Wie ist das möglich?
6 Wenn man einen Bleistift auf die Spitze stellt und ihn dann loslässt, fällt er um. Warum?

Stabile Konstruktionen

Stabile Bauwerke wie Häuser, Hallen und Brücken zeichnen sich nicht nur durch eine große Grundfläche aus. Die einzelnen Teile müssen auch fest miteinander verbunden werden. Dazu bedarf es nicht nur fester vertikaler Streben und horizontaler Balken. Es sind auch schräg angeordnete Balken aus Holz erforderlich (Bild 1).
Bei Metallkonstruktionen benutzt man meist die Gitterbauweise (Bilder 2 und 3). Durch Verstrebungen wächst die Stabilität beträchtlich.

1
Fachwerkhaus

2
Neue Messe in Leipzig

3

AUFTRAG

1 Stelle aus gleich großen Blättern von dickem Schreibpapier durch Falten verschiedenartige Brücken her!
2 Vergleiche die Stabilität der Brücken!

AUFGABEN

1 Bei alten Fachwerkhäusern stehen oft die oberen Stockwerke mehr und mehr vor. Warum fallen die Häuser nicht um?
2 Warum ist das Laufen mit Stelzen gar nicht so einfach?
3 Informiere dich über das Gleichgewichtsorgan des Menschen!

Das Gleichgewicht des Menschen

Das Stehen und Gehen muss der Mensch erst lernen (Bild 4). Wenn er es einmal kann, verlernt er es sein Leben lang nicht wieder. Der stehende und gehende Mensch befindet sich mehr oder weniger stark im labilen Gleichgewicht. Besonders beim Stehen auf Zehenspitzen, beim Gleiten auf einer schmalen Schlittschuhkufe und beim Seiltanzen macht sich die labile Gleichgewichtslage besonders bemerkbar. Um diese Gleichgewichtslage zu erhalten, hat der Mensch ein besonderes Organ. Es befindet sich in jedem Ohr. Wenn man den Kopf z. B. zur Seite neigt, werden Sinneshärchen in diesem Organ verschoben. Dieser Reiz wird über Nerven ans Gehirn weitergeleitet. Das Gehirn sorgt dann dafür, dass entsprechende Muskeln wirksam werden und dadurch das Gleichgewicht wieder hergestellt wird.

4

Elektrische Leitungsvorgänge

Die ersten elektrischen Erscheinungen, die den Menschen begegneten, waren Blitz und Donner. Die Menschen fürchteten sich vor dem grellen Licht der Blitze und dem dumpfen Grollen des Donners. Manchmal löste ein Blitz auch einen Brand aus. Bereits um 1170 v. Chr. wurden an ägyptischen Tempeln hohe Holzmasten mit Goldspitzen angebracht, die als Blitzableiter dienten. 1752 hat der Amerikaner BENJAMIN FRANKLIN den Blitzableiter neu erfunden. In der nachfolgenden Zeit untersuchte man die Elektrizität genauer. Das Gebiet der Physik, in dem die elektrischen Erscheinungen und ihre Gesetze untersucht werden, nennt man Elektrizitätslehre.

Die elektrische Stromstärke

1

Durch dieses dicke Kabel fließt der elektrische Strom zur Schweißelektrode. Vom Gartenzaun, der geschweißt werden soll, fließt der Strom wieder zur Elektrizitätsquelle zurück. Welche Vorgänge vollziehen sich dabei im Kabel?
Elektrischer Strom, was ist das?

Ladungstrennung durch Reibung

Wenn man aus einem Auto ausgestiegen ist und von außen die Tür zumachen will, kann es passieren, dass zum Finger ein kleiner Funke überspringt. Man spürt ein Kribbeln. Im Dunkeln kann man den Funken sogar sehen. Kleine Funken und Kribbeln kann man auch beim Ausziehen eines Synthetikpullovers beobachten. Wie entstehen diese Funken? Beim Aussteigen aus dem Pkw reiben die Kleidungsstücke am Sitz. Beim Ausziehen des Pullis gleitet dieser an den übrigen Kleidungsstücken entlang. Danach treten anziehende Kräfte auf. Solche Beobachtungen machten die alten Griechen schon etwa 600 v. Chr. Sie rieben Bernstein mit einem Fell. Danach zog er Wollfasern und Federn an. Da Bernstein auf griechisch „Elektron" heißt, entstand daraus das Wort Elektrizität. Statt Bernstein kann man auch einen Kunststoff verwenden.

2

EXPERIMENT 1

1 Reibe ein Lineal aus Kunststoff mit einem Pullover oder mit einem Tuch aus Wolle!
2 Nähere das geriebene Ende des Lineals einem kleinen Watteflöckchen, das auf einer Unterlage aus Metall liegt!

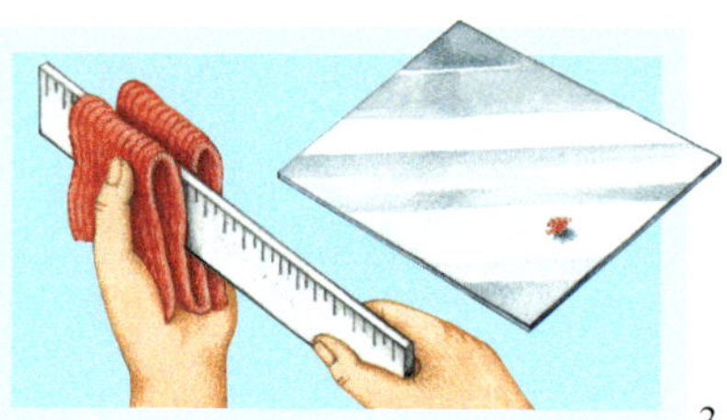

3

Bereits aus einiger Entfernung bewegt sich das Watteflöckchen auf das Lineal zu. Zwischen Lineal und Watte wirkt eine Anziehungskraft.
Die Funken, die du vom Ausziehen eines Pullovers kennst, lassen vermuten, dass es sich um eine elektrische Erscheinung handelt. Den Nachweis kannst du mit einer Glimmlampe erbringen.

EXPERIMENT 2

1 Reibe das Ende eines Lineals aus Kunststoff mit einem Wolltuch!
2 Fasse eine Glimmlampe an der einen Metallkappe an!
3 Bringe die andere Kappe nacheinander an verschiedene Stellen des geriebenen Lineals!

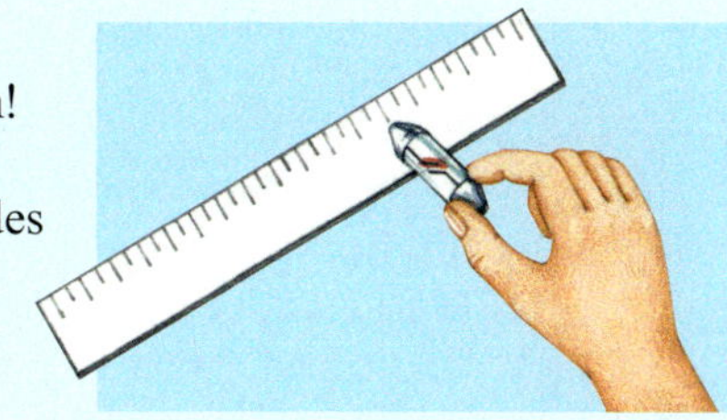
1

Berührt die Glimmlampe das geriebene Lineal, so leuchtet diese kurzzeitig auf. Das bestätigt die Vermutung, dass es sich um eine elektrische Erscheinung handelt. Man nennt das geriebene Lineal *elektrisch geladen.* Bei genauem Beobachten hast du vielleicht bemerkt, dass die Glimmlampe stets auf der Seite aufgeleuchtet hat, die das Lineal berührt.
Wird beim Reiben nur der Kunststoff elektrisch geladen oder auch das Wolltuch?

EXPERIMENT 3

1 Lege das Wolltuch auf eine isoliert befestigte Metallplatte!
2 Streiche mit dem Lineal mehrmals über das Wolltuch, ohne die Platte zu berühren!
3 Fasse die Glimmlampe an der einen Metallkappe an und berühre mit der anderen Kappe die Metallplatte!

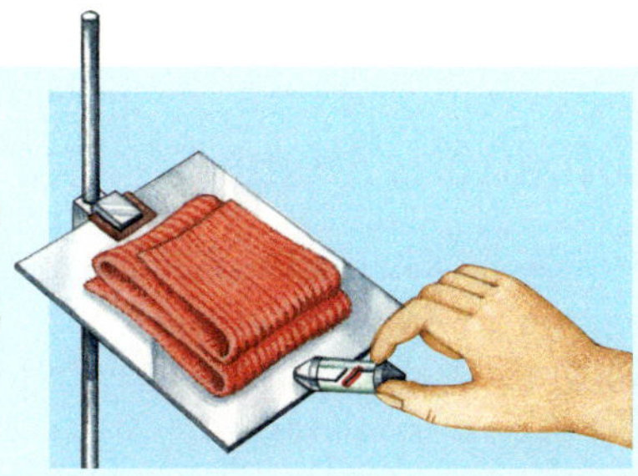
2

Beim Berühren leuchtet die Glimmlampe auf. Auch das Wolltuch ist elektrisch geladen. Trotzdem gibt es einen Unterschied zwischen dem geriebenen Lineal und dem Wolltuch. Im Experiment 2 hat die Seite der Glimmlampe aufgeleuchtet, die das Lineal berührte. Im Experiment 3 leuchtete die Seite der Glimmlampe auf, die vom Wolltuch abgewandt war.
Der Grund für diesen Unterschied ist, dass es zwei Arten von elektrischer Ladung gibt. Sie werden positive und negative elektrische Ladungen genannt. Das Lineal ist negativ geladen, das Tuch ist positiv geladen.
Lineal und Tuch sind also entgegengesetzt geladen. Wie verhalten sich solche Körper zueinander?

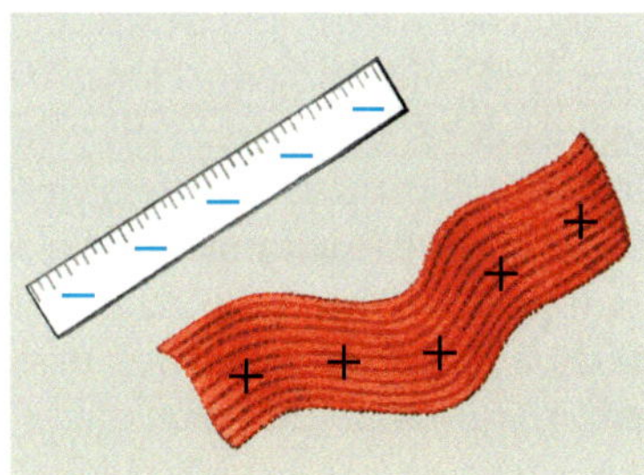
3

EXPERIMENT 4

1 Reibe das eine Ende eines Kunststoffstabes, der in der Mitte eine Vertiefung besitzt, mit einem Wolltuch!
2 Setze den Stab auf eine Spitze, sodass er sich drehen kann!
3 Nähere das Tuch von der einen Seite her dem Stab!
4 Nähere es danach von der gegenüberliegenden Seite!

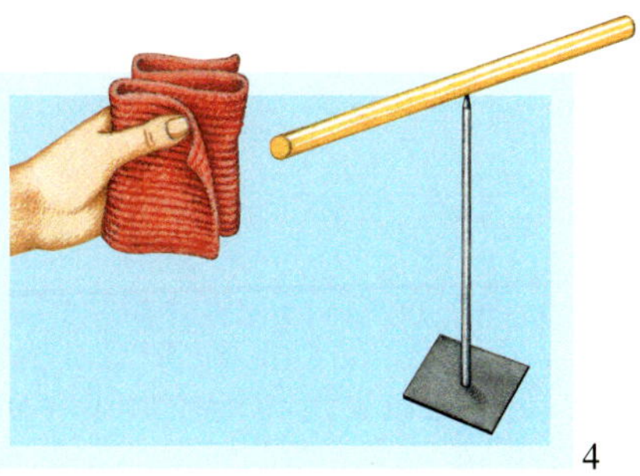
4

Das geriebene Ende des Stabes bewegt sich auf das Tuch zu. Der positiv geladene und der negativ geladene Körper ziehen einander an.

Treten zwischen geladenen Körpern immer Anziehungskräfte auf?

EXPERIMENT 5

1 Reibe das eine Ende eines Kunststoffstabes mit einem Wolltuch und lagere ihn auf der Nadelspitze!
2 Reibe das Ende eines zweiten Kunststoffstabes ebenfalls mit dem Wolltuch, sodass beide Stäbe negativ geladen sind.
3 Nähere den zweiten Stab dem drehbar gelagerten.

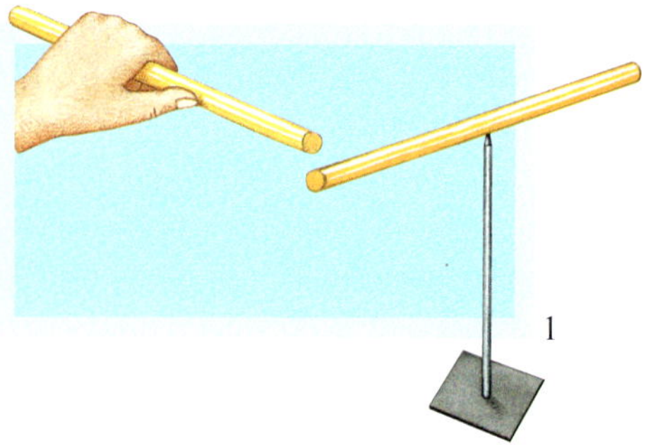

1

Es tritt eine abstoßende Kraft auf. In einem ähnlichen Experiment lässt sich zeigen, dass auch zwischen positiv geladenen Körpern Abstoßungskräfte auftreten.

Durch Reiben lassen sich bestimmte Körper elektrisch aufladen.
Elektrisch ungleichnamig geladene Körper ziehen einander an.
Elektrisch gleichnamig geladene Körper stoßen einander ab.

Aufbau des Atoms

Um die elektrischen Erscheinungen erklären zu können, muss man wissen, wie die Stoffe aufgebaut sind.
Du weißt bereits, dass die Stoffe aus Atomen bestehen. Manchmal genügt es, dass man sich die Atome als kleine Kügelchen vorstellt.
Aber Atome besitzen einen komplizierten Aufbau (Bild 2). Jedes Atom besteht aus einem Kern und einer Hülle. Der Atomkern befindet sich im Inneren des Atoms und ist sehr klein. Er enthält noch kleinere Teilchen, die man Protonen nennt. Jedes Proton hat eine positive Ladung. Deshalb ist der Atomkern positiv geladen.
Die Hülle des Atoms besteht aus kleinsten Teilchen, den Elektronen. Diese bewegen sich um den Kern. Jedes Elektron trägt eine negative Ladung. Zwischen dem positiv geladenen Kern und den negativ geladenen Elektronen in der Hülle bestehen Anziehungskräfte. Diese Kräfte halten das Atom fest zusammen.
Die Ladung eines einzigen Elektrons ist genauso groß wie die Ladung eines Protons, nur haben die beiden unterschiedliche Vorzeichen.

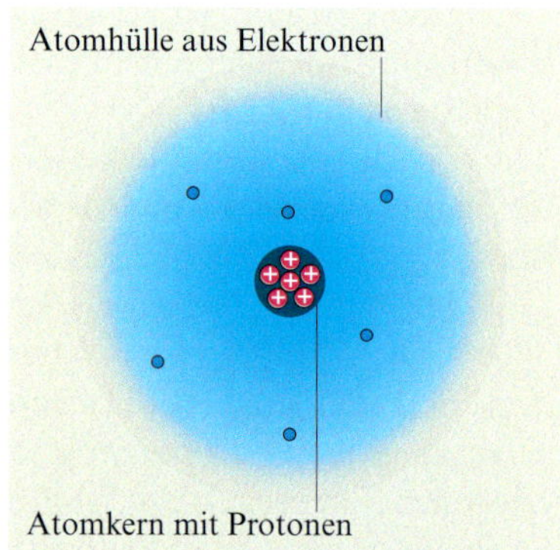

2

Vereinfachte Darstellung eines Atoms

SCHON GEWUSST?

Das Wort Atom stammt aus dem Griechischen: *atomos* heißt „unteilbar". Einige Philosophen der Antike waren damals der Meinung, dass alle Stoffe aus Teilchen bestehen würden, die man nicht weiter zerkleinern kann. Im 19. Jh. glaubte man, diese Teilchen in Experimenten gefunden zu haben und nannte sie Atome. Später stellte sich heraus, dass sich auch die Atome in Kerne und Elektronen zerlegen lassen. – Da hatte sich der Name „Atom" aber bereits eingebürgert.

Ein Atom besteht aus einem Atomkern und einer Atomhülle.
Im Atomkern befinden sich die positiv geladene Protonen.
In der Hülle bewegen sich die negativ geladenen Elektronen.

Die Anzahl der Protonen im Kern ist gleich der Anzahl der Elektronen in der Hülle. Dadurch befindet sich gleich viel positive Ladung im Kern wie sich negative Ladung in der Hülle befindet. Auf diese Weise gleicht sich nach außen hin die Wirkung der unterschiedlichen Ladungen aus. Man sagt das Atom ist neutral. Vom gesamten Atom gehen keine anziehenden oder abstoßenden Kräfte aus.

In einem elektrisch neutralen Atom ist die Anzahl der Elektronen gleich der Anzahl der Protonen.

Beim intensiven Berühren eines Kunststoffstabes mit einem Wolltuch werden von einigen Atomen des Wolltuches Elektronen abgetrennt. Diese Elektronen gehen vom Wolltuch auf den Kunststoffstab über. Die Atome bleiben unverändert an ihrem Ort.
Zum Kunststoffstab gelangen also zusätzlich zu den neutralen Atomen weitere Elektronen. Deshalb besitzt der Kunststoffstab nach dem Reiben eine negative Ladung.
Auf dem Wolltuch gibt es nach dem Reiben Atome, die ein Elektron weniger haben als zuvor. Wenn ein Elektron ein neutrales Atom verlässt, so „fehlt" dem zurückbleibenden Atom eine negative Ladung. Es ist dann elektrisch positiv geladen, da es mehr positive Ladungen im Atomkern hat als negative Ladungen in der Atomhülle (Bild 1). Nach dem Reiben gibt es viele solche positiv geladenen Atome auf dem Wolltuch. Das Wolltuch ist insgesamt positiv geladen.
Aufgrund der unterschiedlichen Ladungen treten zwischen dem Wolltuch und dem Kunststoffstab anziehende Kräfte auf. Diese Vorgänge lassen sich auch so beschreiben: Beim Reiben erfolgt Ladungstrennung. Nach dem Reiben herrscht auf dem Kunststoffstab *Elektronenüberschuss,* auf dem Wolltuch dagegen *Elektronenmangel.*

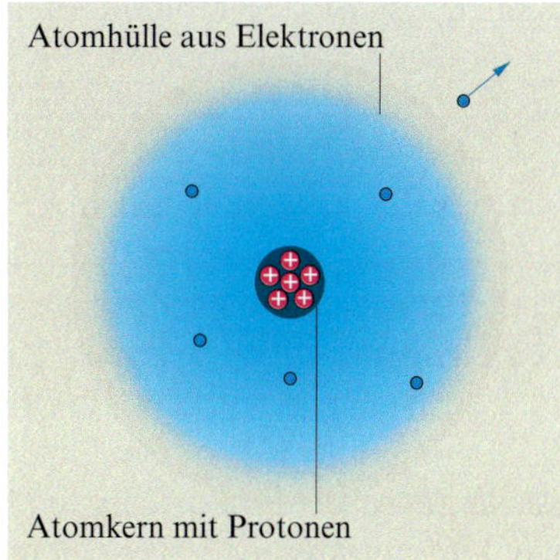

1 Wird einem neutralen Atom ein Elektron entzogen, so ist es danach positiv geladen.

Ladungsausgleich

Um einen Körper besonders stark aufzuladen, kann man einen Bandgenerator benutzen (Bild 2). Statt eines Kunststoffstabes wird hier ein kleiner Kunststoffklotz verwendet. Dieser Klotz wird gegen ein Seidenband gedrückt. Das Seidenband wird mit einer Kurbel in Bewegung versetzt und reibt ständig an dem Kunststoffklotz.
Dabei gehen Elektronen vom Band auf den Kunststoffklotz über. Die Elektronen sammeln sich auf der kleinen Metallkugel, die mit dem Klotz verbunden ist. Die kleine Kugel ist also negativ geladen.
Auf dem Band herrscht Elektronenmangel. Von der großen Metallkugel fließen Elektronen auf das Band. Daher entsteht auch auf der großen Kugel ein Elektronenmangel. Die große Kugel wird also positiv geladen.

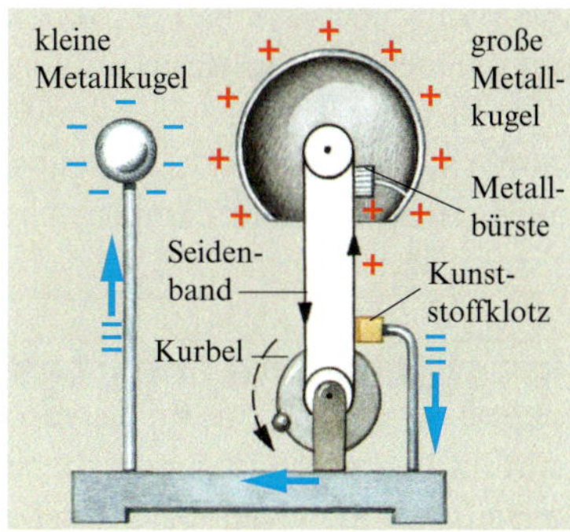

2

Den Ladungszustand eines Bandgenerators kann man sichtbar machen: Bevor der Bandgenerator in Betrieb gesetzt wird, befestigt man an der Seite der großen Kugel ein Holundermarkstückchen an einem kurzen Faden.

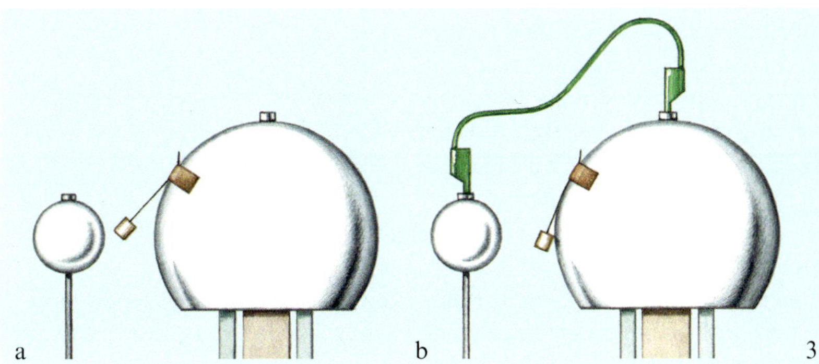

3

EXPERIMENT 6

1. Der Bandgenerator wird in Betrieb gesetzt.
2. Nach Beendigung des Kurbelns wird einige Zeit abgewartet.
3. Die große und die kleine Kugel werden durch eine Leitung miteinander verbunden.

Zunächst wird das Holundermarkstückchen von der großen Kugel abgestoßen und von der kleinen Kugel angezogen, denn es ist ebenso wie die große Kugel positiv geladen. Diese Ladung bleibt auch erhalten, wenn das Band stillsteht. Sobald aber die große Kugel des Bandgenerators mit der kleinen Kugel über die Leitung miteinander verbunden wird, geht der Ausschlag des Holundermarkstückchens zurück. Die große Kugel und die kleine Kugel des Bandgenerators sind wieder elektrisch neutral.
Im Experiment 6 wurden zunächst Ladungen von einem Körper auf einen zweiten transportiert. Danach sind sie durch die Leitung wieder zurückgeflossen. Dieser Vorgang heißt Ladungsausgleich.
Der Ladungsausgleich kann auch mit einer Glimmlampe untersucht werden.

EXPERIMENT 7
Ein Bandgenerator wird elektrisch aufgeladen. Große und kleine Kugel werden über eine Glimmlampe miteinander verbunden.

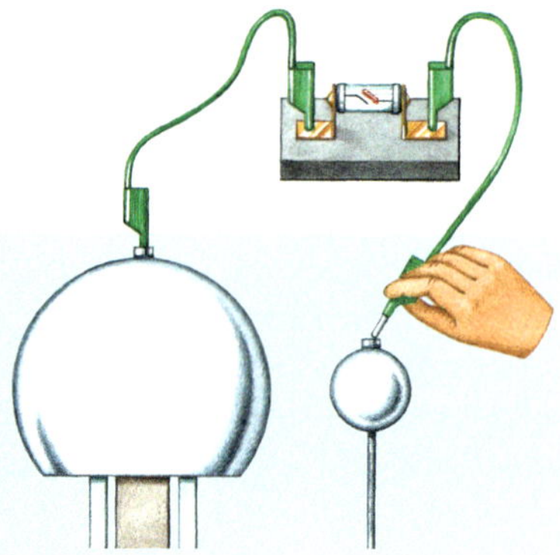
1

Die Glimmlampe leuchtet auf. Sie wird also von einem elektrischen Strom durchflossen. Der Strom fließt nicht mehr, wenn die große Kugel und die kleine Kugel des Bandgenerators wieder neutral sind.

Beim Ladungsausgleich zwischen ungleichnamig geladenen Körpern fließt ein elektrischer Strom.

Das elektrische Leitungsmodell

In Metallen kann der elektrische Strom fließen, in Isolatoren nicht. Deshalb müssen sich Metalle und Isolatoren in ihrem Aufbau voneinander unterscheiden.
Isolatoren bestehen aus Atomen. Die äußeren Elektronen der Atome sind in der Atomhülle gebunden. Nur von wenigen Atomen kann sich ein Elektron ablösen. Diese Elektronen können sich kaum zwischen den Atomen bewegen. Deshalb findet kein Ladungsausgleich statt, wenn ein Isolator zwischen zwei ungleichnamig geladene Körper gebracht wird.
In Metallen hat sich von vielen Atomen das am weitesten außen befindliche Elektron abgelöst. Dadurch besteht das Metall aus Atomen, denen ein Elektron fehlt. Solche Atome nennt man positive Ionen. Die abgelösten Elektronen können sich nahezu frei zwischen den Metall-Ionen bewegen und einen Ladungsausgleich zwischen geladenen Körpern bewirken.

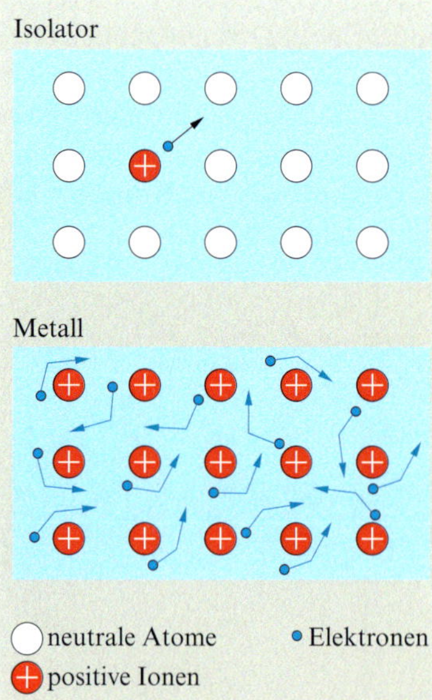

2
3

Am Minuspol einer Elektrizitätsquelle herrscht ein Überschuss von Elektronen. Am Pluspol liegt ein Mangel vor. Schließt man an die Buchsen ein elektrisches Gerät an, so bewegen sich aus der negativen Buchse Elektronen heraus. Sie drängen in das Verbindungskabel hinein.

Die Elektronen bewegen sich längs des Kabels und durch das elektrische Gerät hindurch. Schließlich kommen sie an der positiven Buchse der Elektrizitätsquelle an. Dort werden ständig Elektronen aus dem Kabel herausgesaugt, da ein Mangel an Elektronen vorliegt.
An jeder Stelle des Stromkreises wirken auf die Elektronen Kräfte. Diese Kräfte versetzen die beweglichen Elektronen im gesamten Stromkreis in eine gerichtete Bewegung. Sie erfolgt überall vom Minuspol der Elektrizitätsquelle zum Pluspol (Bild 1). Da die Elektronen elektrisch geladen sind, wird Ladung im Stromkreis transportiert. Dieser ständige Ladungstransport ist der elektrische Strom. Die Elektrizitätsquelle sorgt fortwährend für einen Nachschub an Elektronen.

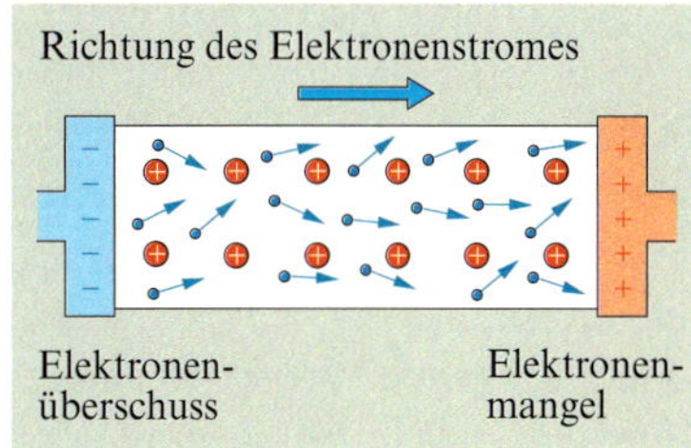

1
Bewegungsrichtung der Elektronen

In Metallen ist der elektrische Strom die gerichtete Bewegung von Elektronen. Die Elektronen bewegen sich vom Minuspol der Elektrizitätsquelle zum Pluspol.

Obwohl auf die Elektronen ständig eine Kraft wirkt, ist ihre Geschwindigkeit im Stromkreis nicht sehr groß. Sie beträgt etwa 0,1 mm/s bis 1 mm/s (Bild 2). Die Elektronen stoßen bei ihrer gerichteten Bewegung ständig mit den Metall-Ionen zusammen. Dabei werden sie immer wieder abgebremst und die Geschwindigkeit der gerichteten Bewegung bleibt insgesamt sehr gering.
Wenn du eine Lampe einschaltest, dann leuchtet sie sofort auf, auch wenn das Zuleitungskabel viele Meter lang ist. Wie ist das möglich? Bei der geringen Geschwindigkeit benötigt doch jedes Elektron für einen Weg von 1 Meter mehr als 10 Minuten. Dass die Lampe dennoch sofort aufleuchtet, lässt sich folgendermaßen erklären: Bewegliche Elektronen sind überall im Kabel vorhanden. Unmittelbar nach dem Einschalten wirken an jeder Stelle des Stromkreises Kräfte auf die Elektronen. Dadurch beginnen diese gleichzeitig mit der gerichteten Bewegung.
Diese Vorstellungen über den elektrischen Strom in Metallen sind stark vereinfacht. Man bezeichnet sie deshalb auch als das *elektrische Leitungsmodell.* Um komplizierte Vorgänge in der Natur zu untersuchen und zu verstehen, benutzen die Physiker oft Modelle. Sie haben nur einige wenige Gemeinsamkeiten mit der Wirklichkeit, helfen aber, wichtige Zusammenhänge zu erkennen.

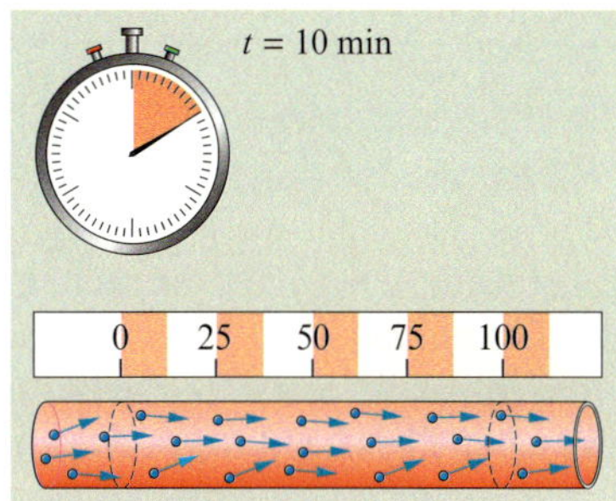

2
Die Elektronen bewegen sich in 10 min weniger als 1 m vorwärts.

Als einfaches Modell für den elektrischen Strom kann man auch die Wasserströmung in Rohren verwenden (Bilder 3 und 4):

- Die Rohre mit Wasser entsprechen den elektrischen Leitungen.
- Die Wasserpumpe entspricht der Elektrizitätsquelle. Ähnlich, wie die Elektrizitätsquelle den elektrischen Strom hervorruft, erzeugt die Wasserpumpe die Wasserströmung.
- Im Wasserkreislauf kann sich eine kleine Wasserturbine befinden. Sie wird durch das strömende Wasser angetrieben. Diese Turbine kann man mit einem Elektromotor vergleichen, der sich im Stromkreis befindet. Er wird durch den elektrischen Strom angetrieben.
- Der Wasserhahn entspricht dem Schalter. Wird der Wasserhahn geöffnet, so beginnt das Wasser sofort im gesamten Kreislauf zu strömen. Und im gesamten Stromkreis setzen sich die Elektronen in Bewegung, sobald der Schalter geschlossen wird.

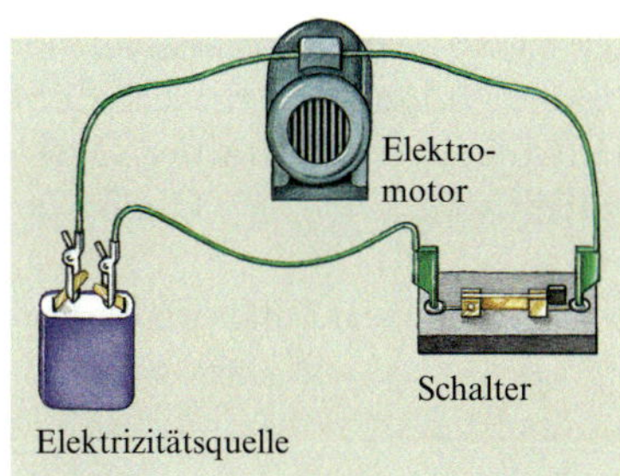

3

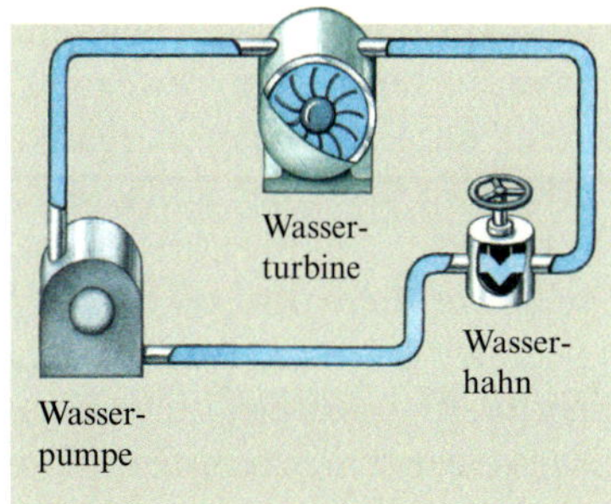

4

Bedeutung der elektrischen Stromstärke

Durch die Glühlampe im Rücklicht eines Fahrrades fließt nur ein schwacher elektrischer Strom. Sie leuchtet nur wenig. Da ist die Glühlampe im Scheinwerfer viel heller! In der Scheinwerferlampe fließt ein stärkerer Strom.
Den Unterschied zwischen einem starken und einem schwachen Strom kann man sich folgendermaßen vorstellen: Im Bild 1 führen die Abflussrohre von zwei Dächern jeweils zu einer Regentonne. Das rechte Dach ist größer als das linke. Bei Regen strömt unterschiedlich viel Wasser aus den beiden Rohren, die rechte Tonne füllt sich viel schneller als die linke. Durch das rechte Rohr fließt in einer Sekunde viel mehr Wasser als durch das linke. Die Stärke des Wasserstromes ist im rechten Rohr größer als im linken.
Ähnlich wie beim Wasserstrom ist die Stärke des elektrischen Stromes umso größer, je mehr Elektronen in einer Sekunde durch den Draht hindurchfließen.

1

Die elektrische Stromstärke gibt an, wie viele Elektronen sich in einer bestimmten Zeit durch den Querschnitt eines Leiters bewegen.

Das Formelzeichen für die elektrische Stromstärke ist *I* (vom englischen Wort intensity).
Die Einheit der Stromstärke ist Ampere (A). Sie wurde nach dem französischen Physiker ANDRÉ-MARIE AMPÈRE benannt. Oft wird auch das Milliampere (mA) verwendet. Es gilt: 1 A = 1 000 mA.
Ein Ampere ist etwa die Stärke des Stromes, der in einem Spielzeugauto oder durch einen kleinen Wärmestrahler fließt.

Beispiele für Stromstärken

Glimmlampe	0,01	A
Energiesparlampe	0,05	A
Glühlampe, 100 W	0,4	A
Farbfernseher	0,4	A
Fahrradscheinwerfer	0,5	A
Elektroherd	10	A
Autoanlasser	50	A
Blitz	etwa 100 000	A

Die Einheit der elektrischen Stromstärke ist Ampere (A).

Die Elektronen sind sehr klein und besitzen jeweils nur eine geringe elektrische Ladung. Bei einer Stromstärke von 1 A bewegen sich aber sehr viele Elektronen durch den Querschnitt eines Leiters. Es sind ungefähr 6 Trillionen (6 000 000 000 000 000 000) in einer Sekunde.

Stromstärke und Verkehrsströme. Für die Verkehrsplanung ist es wichtig zu wissen, wie stark Straßen befahren werden. Dazu werden die Autos gezählt, die in einer bestimmten Zeit an einer Stellen vorbei kommen. Aus der Anzahl der Autos und der gemessenen Zeit ergibt sich die Stärke des Verkehrsstroms.
Man kann die gerichtete Bewegung der Elektronen durch einen metallischen Leiter mit der Bewegung der Autos vergleichen. Je größer die Anzahl der Elektronen ist, die sich in einer bestimmten Zeit durch den Leiter bewegen, umso größer ist die Stromstärke.

2

Die Stromstärke wird oft mit der Schnelligkeit der Bewegung verwechselt. Unter einer Brücke über einen breiten ruhigen Fluss fließt aber in einer bestimmten Zeit mehr Wasser hindurch als unter dem Steg über einen reißenden Gebirgsbach. Die Stromstärke in dem breiten Fluss ist viel größer als die Stromstärke in dem Gebirgsbach.

Messen der elektrischen Stromstärke. Zum Messen der elektrischen Stromstärke verwendet man so genannte Strommesser. Sie zeigen mit einem Zeiger (Bild 1) oder mit Ziffern die jeweilige Stromstärke an.

1

Um die Stromstärke zu messen, muss man den Stromkreis öffnen und an dieser Stelle das Messgerät einfügen. Es ist dann „in Reihe" mit dem elektrischen Gerät geschaltet. Alle Elektronen, die durch das Gerät fließen, müssen auch durch den Strommesser hindurch. Dieser „zählt" gewissermaßen die Elektronen, die sich in einer Sekunde durch ihn hindurch bewegen.

Das ist ein ähnlicher Vorgang wie in einer Wasseruhr oder in einem Durchflussmesser für Benzin, der den jeweiligen Benzinverbrauch eines Automotors anzeigt.

Beim Anschließen eines Strommessers sollte die Leitung, die vom Pluspol (bzw. vom Minuspol) der Elektrizitätsquelle kommt, stets in die mit „+" (bzw. mit „–") gekennzeichnete Buchse führen.

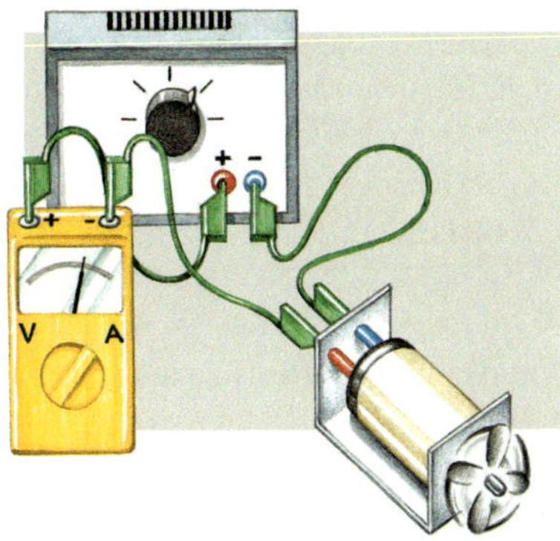

2

Zum Messen der Stromstärke in einem elektrischen Gerät muss der Strommesser mit dem elektrischen Gerät in Reihe geschaltet werden.

Wenn man zeichnen will, wie man die Elektrizitätsquelle, den Strommesser und den Motor schalten muss, benötigt man viel Zeit (Bild 2). Es genügt aber, den Stromkreis vereinfacht darzustellen. Dazu zeichnet man einen Schaltplan (Bild 3).

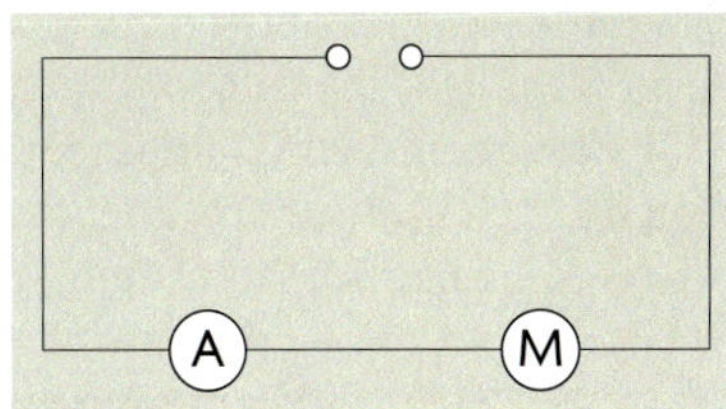

3

Dabei benutzt man für die einzelnen Bauelemente bestimmte Schaltzeichen (Bild 4).

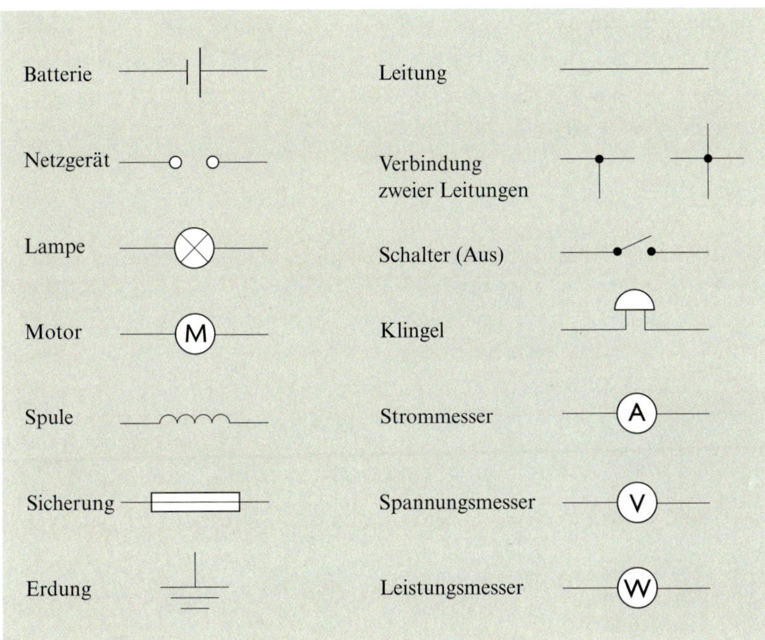

4

Projekt

Elektrische Ladungen

Schon mit einfachen Geräten lassen sich die Experimente dieses Kapitels wiederholen und eindrucksvolle Effekte vorführen. Für manches reicht schon das Salatbesteck aus der Küche.

AUFTRAG 1

1 Hänge einen Streifen Aluminiumfolie an einem Seidenfaden auf!
2 Reibe das Salatbesteck aus Plastik an einem Wollpullover und streife es vorsichtig am Aluminiumstreifen ab!
3 Nimm verschiedene Gegenstände aus Kunststoff, Pappe, Glas usw., reibe sie mit unterschiedlichen Tüchern und prüfe, ob sie anschließend von dem geladenen Aluminiumstreifen angezogen oder abgestoßen werden. Fertige eine Liste an!
4 Durch Vergleich mit bekannten Experimenten (siehe S. 82 f.) kannst du herausfinden, welche Gegenstände sich positiv und welche sich negativ aufgeladen haben. Trage die Vorzeichen in deine Liste ein!

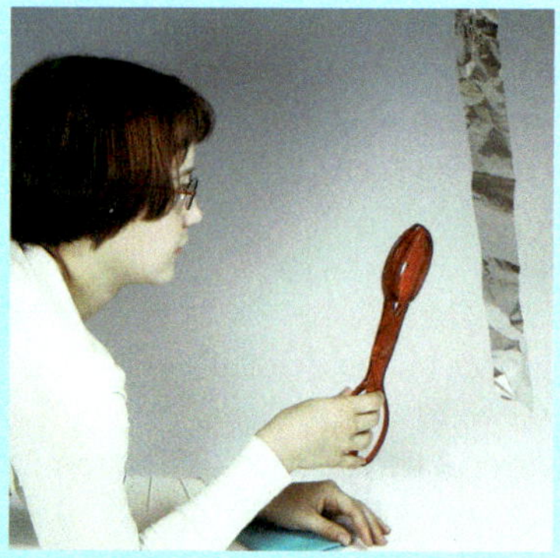
1

Als Anzeigegeräte für elektrische Ladung kennst du Glimmlampen. Auch eine lange Leuchtstofflampe kannst du als „Glimmlampe" verwenden:

AUFTRAG 2

Die folgenden Experimente musst du im Dunkeln durchführen.

a Reibe eine Leuchtstofflampe mit Wolle (Schal oder Pullover)!
b Gib die Lampe einem Freund oder einer Freundin in die Hand. Lade ein Kunststoffrohr auf und berühre damit die Metallkontakte am Ende der Lampe. Wiederhole das mehrmals!
c Berühre schließlich die Kontakte mit deinem Finger!
d Bringe das eine Ende der Lampe in die Nähe eines Fernsehbildschirmes, während du das andere in der Hand hältst!

2

Die Wirkungen von elektrisch geladenen Körpern können auch zur Reinhaltung unserer Luft genutzt werden.

AUFTRAG 3

1 Lade durch Reiben eine Plastikfolie auf!
2 Bringe die geladene Folie in die Nähe einer Rauchfahne, z. B. von einer gerade gelöschten Kerze!
3 Informiere dich über die Anwendung von Elektrofiltern in Kohlekraftwerken und berichte darüber. Erläutere ihre Funktionsweise anhand der Skizze!

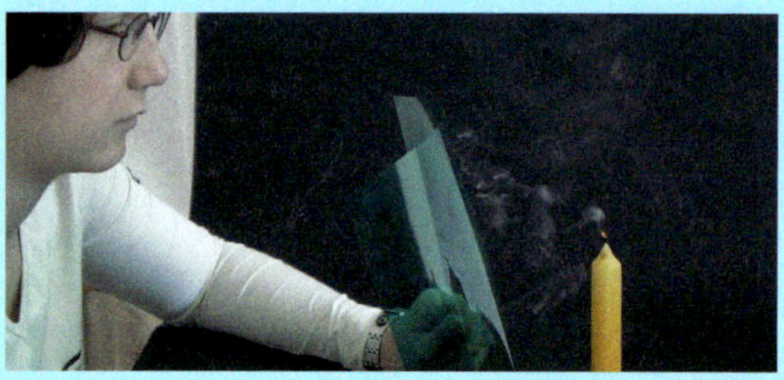
3

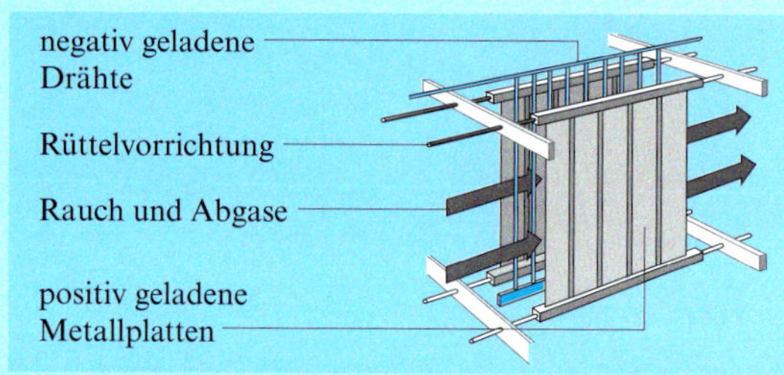

4

Weißt du es ?
Kannst du es

1. Auf welche Weise kannst du einen Körper elektrisch aufladen?
2. Wie kannst du herausfinden, ob ein Körper elektrisch geladen ist? Gib zwei Möglichkeiten an!
3. Wo hast du schon beobachtet, dass ein Körper elektrisch aufgeladen wurde?
4. Wie kannst du bei einem geriebenen Körper mit einer Glimmlampe feststellen, welcher Pol der Minuspol ist?
5. Auf einem Körper besteht a) Elektronenüberschuss bzw. b) Elektronenmangel. Welche Ladung hat der Körper jeweils?
6. In Bild 1 hängen zwei Weihnachtsbaumkugeln an seidenen Fäden. Was geschieht, wenn du beide mit einem geriebenen Lineal berührst? Wie verhalten sich die Kugeln, wenn du eine mit dem geriebenen Lineal und die andere mit dem Wolltuch berührst?
7. Wie kannst du einen elektrisch geladenen Körper entladen?
8. Beschreibe den Aufbau eines Atoms!
9. Warum ist ein Atom elektrisch neutral?
10. Aus der Hülle eines Atoms wird ein Elektron entfernt. Wie ist der zurückbleibende Rest des Atoms geladen?

1

11. Beschreibe den Aufbau eines Metalls und eines Isolators. Erkläre, warum Metalle den elektrischen Strom leiten können, Isolatoren aber nicht!
12. Die Elektronen bewegen sich in einem Draht mit einer sehr kleinen Geschwindigkeit vorwärts. Warum beginnt aber ein elektrisches Gerät sofort zu arbeiten, wenn man den Stromkreis schließt?
13. In einem dünnen und einem dicken Kupferkabel fließt ein Strom gleicher Stromstärke. Erfolgt die gerichtete Bewegung der Elektronen in beiden Kabeln gleich schnell? Begründe deine Antwort!
14. Rechne folgende Stromstärken in die Einheit mA um:
    a) 8 A, b) 0,7 A, c) 0,05 A !
15. Rechne folgende Stromstärken in die Einheit A um:
    a) 500 mA, b) 10 mA, c) 2000 mA !

Kurz und knapp !

Durch intensives Berühren können sich zwei Körper entgegengesetzt elektrisch aufladen. Ungleichnamig geladene Körper ziehen einander an. Gleichnamig geladene Körper stoßen einander ab.

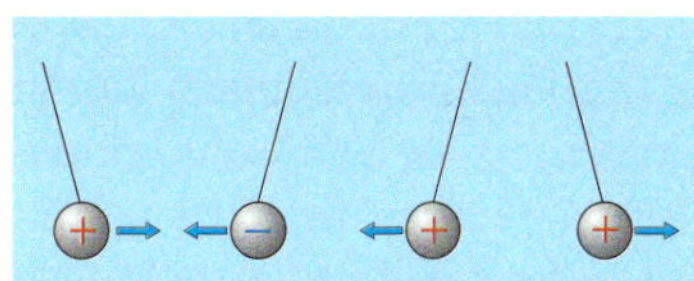

Ein Atom besteht aus einem Atomkern und einer Atomhülle. Im Atomkern befinden sich die positiv geladenen Protonen. In der Hülle bewegen sich die negativ geladenen Elektronen.
In einem elektrisch neutralen Atom ist die Anzahl der Elektronen gleich der Anzahl der Protonen.

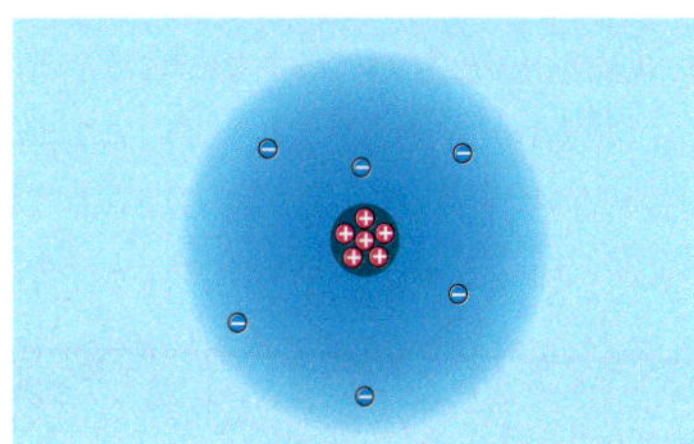

Das elektrische Leitungsmodell: In Metallen ist der elektrische Strom die gerichtete Bewegung der Elektronen. Die Elektronen bewegen sich vom Minuspol zum Pluspol der Elektrizitätsquelle.

Die elektrische Stromstärke gibt an, wie viele Elektronen sich in einer bestimmten Zeit durch den Querschnitt eines Leiters bewegen.

Formelzeichen: I Einheit: Ampere (A)

Die elektrische Spannung

1

Es gibt viele Leute, die gern saure Gurken essen. Das übrig gebliebene Gurkenwasser braucht man nicht wegzugießen. Stellst du in das saure Gurkenwasser zwei Bleche aus Kupfer und Zink, hast du eine Elektrizitätsquelle, die einen sich leicht drehenden Spielzeugmotor antreiben kann.
Du glaubst das nicht? –
Probiere es aus!
Anstelle des Gurkenwassers kannst du auch Salzwasser nehmen.

Elektrizitätsquellen

Wenn man einen elektrischen Strom erzeugen will, braucht man eine Elektrizitätsquelle. Du kennst bereits einige: Die Batterie in der Taschenlampe, die Monozelle in deinem Taschenrechner, die Solarzelle in der Armbanduhr, den Fahrraddynamo und den Akkumulator im Pkw. Damit der Fahrraddynamo einen elektrischen Strom erzeugen kann, muss sich das Rad drehen (Bild 3). Beim Radfahren mit Licht musst du etwas kräftiger in die Pedale treten.
Eine Monozelle erzeugt den elektrischen Strom durch chemische Vorgänge (Bild 2). In dieser Zelle wird Zink in ein Zinksalz umgewandelt. An einer „verbrauchten" Taschenlampenbatterie hast du vielleicht schon einmal gesehen, dass ein Zinkbecher von der Salmiaklösung angefressen wurde. Dieser chemische Prozess ist die Voraussetzung dafür, dass diese Elektrizitätsquelle einen elektrischen Strom erzeugen kann.
Eine Flachbatterie besteht aus 3 Monozellen. Ähnlich ist es beim Akkumulator eines Pkw, wo mehrere einzelne Zellen miteinander verbunden sind (Bild 4). Dadurch kann ein stärkerer elektrischer Strom hervorgerufen werden. Ein Solarmodul (Bild 5) liefert nur dann elektrischen Strom, wenn Licht auftrifft. Es besteht aus vielen einzelnen Solarzellen.

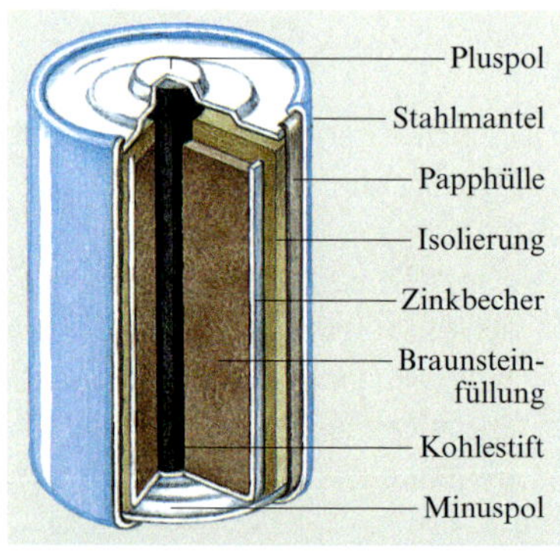

2

3

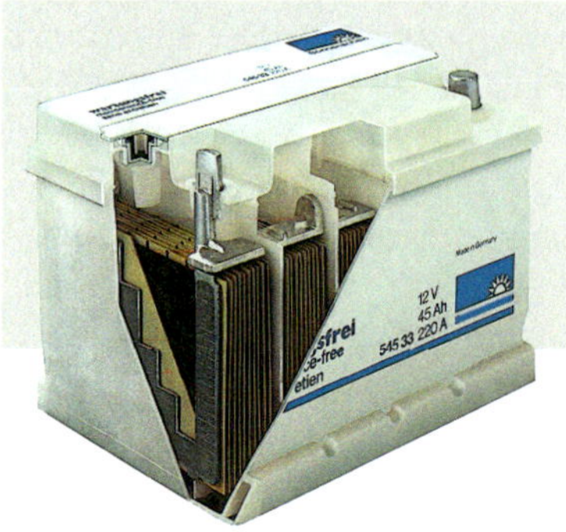

4

5

Die Spannung einer Elektrizitätsquelle

Mit der „Gurkenwasser-Elektrizitätsquelle" könntest du allerdings keine Lampe zum Leuchten bringen. Ebenso würdest du es nicht schaffen, mit einer Batterie einen Föhn oder einen Toaster zu betreiben. Dazu brauchst du eine andere Elektrizitätsquelle.
Im Modell der Elektronenleitung werden die Elektronen in einem Stromkreis von der Elektrizitätsquelle angetrieben. Unterschiedliche Elektrizitätsquellen können den Strom unterschiedlich stark antreiben. Dieser Antrieb wird elektrische Spannung genannt. Das Formelzeichen für die elektrische Spannung ist U.

Die elektrische Spannung gibt an, wie stark der Antrieb des Stromes durch eine Elektrizitätsquelle ist.
Die Einheit der elektrischen Spannung ist Volt (V).

1
ALESSANDRO VOLTA (1745–1827)

Die Einheit der Spannung Volt wurde nach dem italienischen Physiker ALESSANDRO VOLTA benannt. Eine größere Einheit, die oft in der Technik benutzt wird, ist das Kilovolt (kV). Es gilt: 1 kV = 1 000 V.
VOLTA hat ähnliche Experimente wie in Bild 1 auf der vorhergehenden Seite mit verschiedenen Metallen und Flüssigkeiten gemacht. Die Spannung, die wir heute 1 Volt nennen, entspricht ungefähr der Spannung, die VOLTA mit seinem Kupfer-Zink-Element erreicht hat.
Auf jeder Batterie findet sich eine Angabe über die Spannung der Batterie. Aber auch auf elektrischen Geräten ist stets angegeben, für welche Spannung sie gebaut sind. Wird eine Fahrrad-Glühlampe an die verschiedenen elektrischen Quellen im Bild 2 angeschlossen, so erkennt man: Die 1,5-V-Zelle reicht nicht aus, um die Lampe zum Leuchten zu bringen. Bei der Flachbatterie mit 4,5 V leuchtet die Lampe hell, bei dem Block mit 6 V wird sie noch heller. Schließt man sie an den Block mit 9 V an, glüht sie kurzzeitig auf und dann brennt der Glühfaden durch.

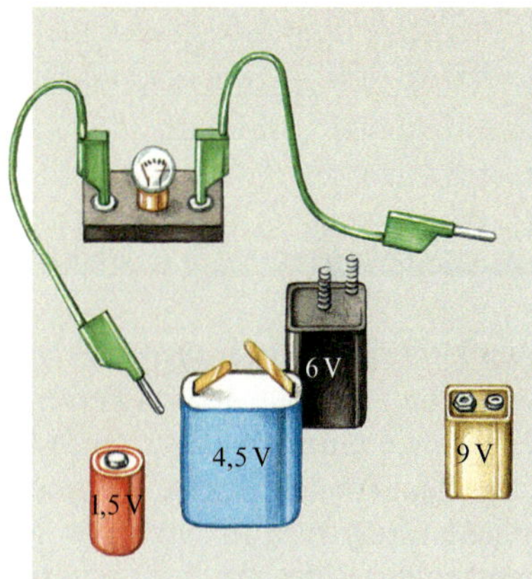

2

Beispiele für Spannungen

Knopfzelle	1,35 V	Zitterrochen	über 100 V
Monozelle	1,5 V	Spannung aus der Steckdose	230 V
Flachbatterie	4,5 V	Zitteraal	800 V
Fahrraddynamo	6 V	Generator im Kraftwerk	15 000 V
Lichtmaschine im Pkw	12 V	Blitz	etwa 100 000 000 V

3

Messen der elektrischen Spannung. Zum Messen der elektrischen Spannung verwendet man Spannungsmesser. Sie zeigen mit einem Zeiger (Bild 3) oder mit Ziffern die jeweilige Spannung an.
Elektrische Messgeräte sind meist Vielfachmessgeräte. Außer der Spannung können sie auch die elektrische Stromstärke sowie weitere elektrische Größen messen.
Will man im Stromkreis z. B. die Spannung zwischen den Polen einer Elektrizitätsquelle messen, so verbindet man sie mit den Buchsen des Spannungsmessers. Dabei muss die mit „–" gekennzeichnete Buchse mit dem Minuspol der Elektrizitätsquelle (und die mit „+" beschriftete Buchse mit dem Pluspol) verbunden werden.

Leerlaufspannung und Klemmenspannung. Auf einer Elektrizitätsquelle ist immer die Angabe der elektrischen Spannung aufgedruckt, die sie bereitstellt. So steht auf einer Monozelle z. B. 1,5 V, auf einer Flachbatterie 4,5 V. Die Spannung zwischen den Polen einer Elektrizitätsquelle verändert sich jedoch, wenn ein elektrisches Gerät angeschlossen wird:

EXPERIMENT 1

1 Baue die Schaltung nach dem Schaltplan auf. Verwende dabei als Elektrizitätsquelle eine Monozelle.
2 Ermittle mit dem Spannungsmesser die Spannung zwischen den Polen der Monozelle. Notiere sie unter „Leerlaufspannung“!
3 Schließe den Stromkreis, sodass durch das elektrische Gerät ein Strom fließt. Lies am Spannungsmesser die Spannung ab und notiere sie unter „Klemmenspannung“!

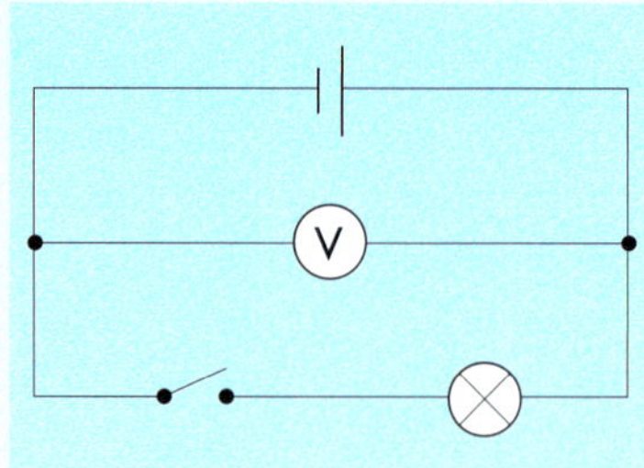

1

Nach dem Einschalten des elektrischen Gerätes ist die Spannung kleiner. Die Spannung, die zwischen den Polen einer Elektrizitätsquelle auftritt, wenn kein Strom fließt, nennt man Leerlaufspannung U_{Leer}. Die Klemmenspannung U_{Kl} ist die Spannung zwischen den Polen einer Elektrizitätsquelle, wenn ein Strom fließt. Die Messergebnisse zeigen: Die Klemmenspannung ist stets kleiner als die Leerlaufspannung.

Den Unterschied zwischen Leerlaufspannung und Klemmenspannung kann man sich folgendermaßen erklären: Die Elektrizitätsquelle liefert den Antrieb für den elektrischen Strom. Dieser Strom fließt nicht nur von einem Pol der Elektrizitätsquelle durch die Leitungen und das elektrische Gerät zum anderen Pol. Er fließt auch innerhalb der Elektrizitätsquelle selbst. Auch dafür ist ein Antrieb erforderlich. Dies macht sich jedoch erst bemerkbar, wenn tatsächlich ein Strom fließt.

Gleich- und Wechselspannung

An einer Flachbatterie findest du die Zeichen „+“ und „–“. Wird eine Glühlampe angeschlossen, so bewegen sich die Elektronen vom Minuspol der Batterie durch die Glühlampe zum Pluspol der Batterie. Da das immer in der gleichen Richtung erfolgt, nennt man diese Spannung Gleichspannung.
Schließt man eine Glühlampe an einen sich drehenden Fahrraddynamo, so leuchtet sie ebenfalls. Beim Fahrraddynamo wechseln aber Plus- und Minuspol ständig. Dadurch bewegen sich die Elektronen zunächst in der einen Richtung, dann in der entgegengesetzten, schließlich wieder in der ursprünglichen usw. Diese Spannung heißt Wechselspannung. Auch die Spannung aus unseren Steckdosen ist eine Wechselspannung. Sie wechselt ihre Richtung pro Sekunde 100-mal.

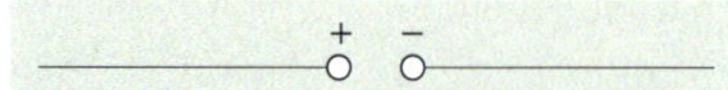

Gleichspannung 2

Wechselspannung 3

In einem Gleichstromkreis bewegen sich die Elektronen ständig in einer Richtung vom Minuspol der Elektrizitätsquelle zum Pluspol.
In einem Wechselstromkreis bewegen sich die Elektronen abwechselnd in beide Richtungen zwischen den Polen.

Elektrizität aus dem Froschschenkel

Der italienische Arzt und Anatomieprofessor LUIGI GALVANI machte Ende 1780 eine ihm unerklärliche Beobachtung: „Ich sezierte einen Frosch und präparierte ihn, wie die Abbildung (links) zeigt und legte ihn auf einen Tisch ... Wie nun der eine von den Leuten, die mir zur Hand gingen, mit der Spitze des Skalpellmessers den inneren Schenkelnerv (D) des Frosches zufällig ganz leicht berührte, schienen sich alle Muskeln derart zusammenzuziehen, als wären sie von Krämpfen befallen."
Bei seinen nachfolgenden Experimenten stellte er fest, dass die Zuckungen besonders heftig waren, wenn er den Froschschenkel an zwei Stellen mit zwei in Reihe geschalteten verschiedenen Metallen berührte (Bild 2).

1
LUIGI GALVANI (1737–1798)

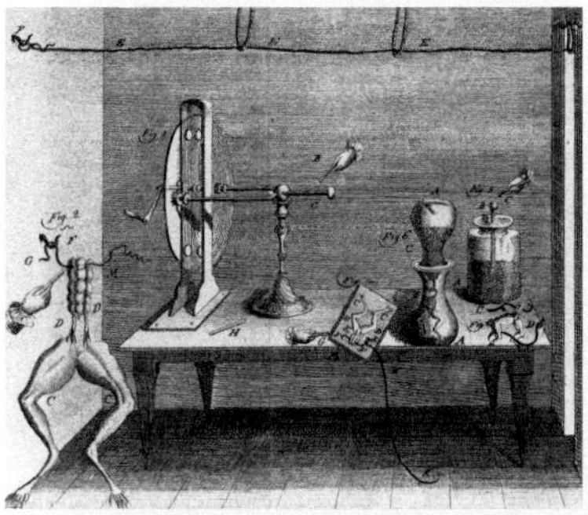
2

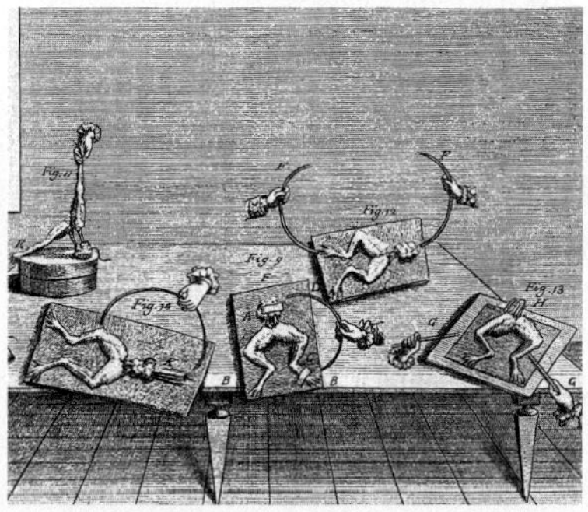
3

Einer der eifrigsten Experimentatoren, die GALVANIS Experimente wiederholten und weiterführten, war der italienische Physiker ALESSANDRO VOLTA. Er entwickelte die ersten Elektrizitätsquellen, die über längere Zeit starke Ströme erzeugen konnten.

Seinen „Becherapparat" beschreibt VOLTA wie folgt: „Man ordnet eine Reihe von mehreren Tassen, gläserne (kleine Trinkgläser oder Becher) sind am besten geeignet, die zur Hälfte mit reinem Wasser, oder besser mit Salzwasser oder Lauge gefüllt sind; man verbindet sie und bildet aus ihnen eine Art Kette mittels ebenso vieler metallener Bögen, von denen ein Arm A aus Kupfer oder Messing ist, während der andere Z, welcher in den folgenden Becher taucht, aus Zinn oder besser Zink ist. Die beiden Metalle, aus denen jeder Bogen besteht, sind an irgend einer Stelle oberhalb der Flüssigkeit zusammengelötet."

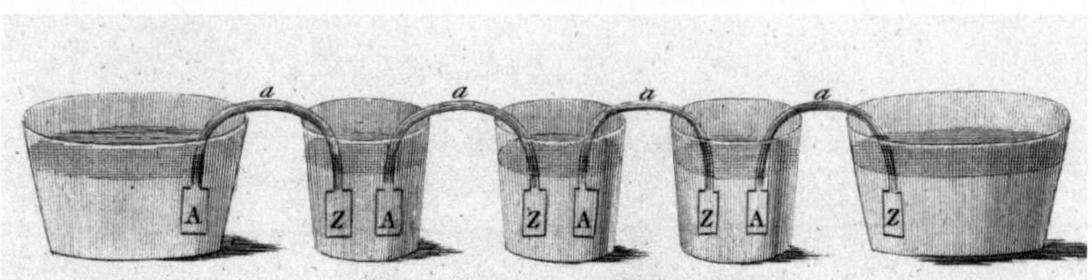

4

5

Die von VOLTA weiterentwickelten „galvanischen Elemente" führten zu einer Reihe neuer Entdeckungen auf dem Gebiet der Elektrizität.
Die Experimente von VOLTA erregten sehr großes Aufsehen. 1801 ließ sich NAPOLEON die Experimente von VOLTA vorführen (Bild 5).

Selbst gebaute Batterien

Knopfzellen, Monozellen und 9-V-Blöcke werden heute für viele elektrische und elektronische Geräte benötigt. Sie wurden bereits 1800 von ALESSANDRO VOLTA erfunden.
Eine Monozelle kannst du dir leicht herstellen:

AUFTRAG 1

Stecke in eine Zitrone einen Eisennagel und einen blanken Kupferdraht, sodass sie sich nicht berühren!

1 Schließe ein elektrisches Messinstrument an und bestimme die Spannung und die Stromstärke. Vergleiche die Spannung mit der einer gekauften Monozelle!

2 Wiederhole das Experiment mit einem halben Apfel! Schalte zwei Apfel-Monozellen zuerst parallel, dann in Reihe! Wie ändern sich Spannung und Stromstärke?

1

Volta'sche Säule. Die Krönung der Arbeiten von A. VOLTA zur galvanischen Elektrizität war die Konstruktion der Volta'schen Säule.
Für die Säule benutzte er einige Dutzend Platten, z. B. aus Silber und Zink, von etwa 1 Zoll Durchmesser, „von annähernd gleicher Gestalt und Größe". Mit einem etwas geringeren Durchmesser werden runde Scheiben aus Leder, Pappe o. ä. Materialien hergestellt, die imstande sind, Feuchtigkeit aufzunehmen und zurückzuhalten. Die Metallplatten sollen „rein und trocken" sein, die nichtmetallischen mit Wasser oder „besser mit Salzwasser getränkt und dann leicht abgetrocknet, damit die Flüssigkeit nicht von ihnen abtropft."

AUFTRAG 2

1 Stellt aus dünnem, glatten Kupferblech 6 Platten von je etwa 10 cm Kantenlänge her. Schneidet in gleicher Weise 6 gleich große Platten aus dicker Aluminiumfolie und 6 Platten aus dicker Pappe aus!

2 Tränkt die Pappe mit konzentrierter Kochsalzlösung, sodass sie gut durchgefeuchtet ist, jedoch nicht tropft!

3 Stapelt alle Platten in der Reihenfolge Kupfer, Pappe, Aluminium usw. übereinander. Legt darauf eine schwere Scheibe, sodass alle Platten fest aufeinander gepresst werden!

4 Verwendet als Anschlüsse zwei schmale Streifen aus Aluminiumfolie! Verbindet die Kupferplatte leitend mit dem positiven Anschluss und die Aluminiumplatte mit dem negativen Anschluss einer roten oder gelben Leuchtdiode!

2

Weißt du es? Kannst du es?

1. Welche Arten von Elektrizitätsquellen kennst du?
2. Erkundige dich, für welche Spannung der Akkumulator eines Motorrades konstruiert ist und welche Spannung die Lichtmaschine in einem Lkw liefert!
3. In welchen Geräten finden „galvanische Spannungsquellen" Anwendung?
4. Beschreibe den Aufbau und erkläre die Wirkungsweise einer Monozelle!
5. Wo findest du in deiner näheren Umgebung Solarzellen oder Solarmodule als Spannungsquellen?
6. Beschreibe, welche Aufgabe eine Elektrizitätsquelle in einem Stromkreis hat!
7. Warum muss man sich vor dem Betrieb eines elektrischen Gerätes darüber informieren, für welche Spannung sie gebaut sind?
8. Was passiert, wenn du ein 3,7-V-Lämpchen
   a) an eine Mignon-Batterie (1,5 V),
   b) an einen 9-V-Block
   anschließt?
9. Rechne folgende Spannungen in die Einheit V um:
   a) 8 kV, b) 0,7 kV, c) 0,05 kV !
10. Rechne folgende Spannungen in die Einheit kV um:
   a) 500 V, b) 30 000 V, c) 2 000 V !
11. Die Netzspannung in Deutschland beträgt 230 V. Bis 1992 betrug die Netzspannung 220 V. Informiere dich darüber, welche Netzspannungen in anderen Ländern verwendet werden.
12. Warum ist die Klemmenspannung stets kleiner als die Leerlaufspannung?
13. Nenne Gleichspannungsquellen und gib deren Spannungen an!
14. Nenne Wechselspannungsquellen! Wie groß sind deren Spannungen?
15. Auf elektrischen Geräten in eurem Haushalt findest du eine Beschriftung, mit welcher Spannung das jeweilige Gerät betrieben werden muss.
   Trage die Geräte in eine Tabelle ein und gib deren Betriebspannungen an!

Gerät	Betriebs-Spannung	Spannungsart
______	______	______
______	______	______
______	______	______

Gib an, welche Geräte mit Gleichspannung und welche mit Wechselspannung betrieben werden! Kennzeichne die Geräte, die für den Betrieb mit beiden Spannungsarten geeignet sind!

Kurz und knapp!

Die elektrische Spannung gibt an, wie stark der Antrieb des Stromes durch eine Elektrizitätsquelle ist.

Formelzeichen für die Spannung: U
Einheit der Spannung: Volt (V)

Die Klemmenspannung ist stets kleiner als die Leerlaufspannung:
$U_{Kl} < U_{Leer}$.

Ein Spannungsmesser wird immer parallel zur Elektrizitätsquelle oder zum angeschlossenen Gerät geschaltet.

In einem Gleichstromkreis bewegen sich die Elektronen ständig in einer Richtung vom Minuspol der Elektrizitätsquelle zum Pluspol. In einem Wechselstromkreis bewegen sich die Elektronen abwechselnd in beide Richtungen zwischen den Polen.

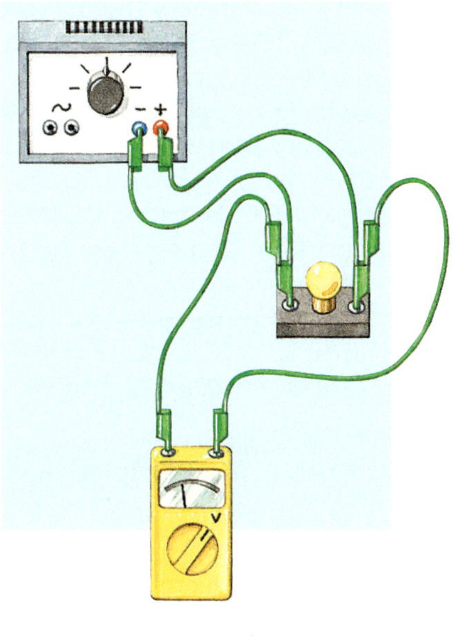

Spannungen und Ströme in Lebewesen

Elektrische Fische

Bereits einige Jahrhunderte vor Christi Geburt haben ARISTOTELES und andere griechische Philosophen die von einem Fisch, dem Zitterrochen, ausgehende „betäubende" Wirkung beschrieben (Bild 1). Um 230 nach Christi Geburt wird in der römischen Literatur darüber berichtet, dass sich die betäubende Wirkung auch dann noch bemerkbar macht, wenn man den Zitterrochen bereits aus dem Wasser genommen hat und dieses z. B. über eine Hand gießt. Der Zitterrochen hat das Wasser elektrisch geladen.
Zitterrochen sind 60 cm bis 1 m lang. Sie bewohnen hauptsächlich die Küsten tropischer und subtropischer Meere. Sie sind im Mittelmeer zu finden, aber auch an der Ostküste des Atlantischen Ozeans.
Zitterrochen haben an beiden Seiten des Vorderkörpers Muskeln, die zu elektrischen Organen umgebildet sind. Das sind viele kleine Säulen, die aus hunderten von Scheiben bestehen (Bild 2). Wenn das Nervensystem eines Rochens angeregt wird, so lädt sich die Oberseite jeder Scheibe positiv und die Unterseite negativ auf. Auf diese Weise erzeugt er Spannungen von über 100 V. Die Entladungen folgen in kurzen Abständen nacheinander. Die Zitterrochen setzen ihre elektrischen Organe dazu ein, um ihre Beute zu lähmen oder zu töten. Die Rochen liegen im Sand vergraben. Wenn sich ein Beutetier annähert, schießen sie plötzlich hervor, töten es elektrisch und verschlingen es. Die elektrischen Organe der Zitterrochen stellen aber auch eine wirksame Waffe gegen ihre Feinde dar. Schließlich können die Rochen sich durch elektrische Spannungsstöße auch untereinander verständigen.

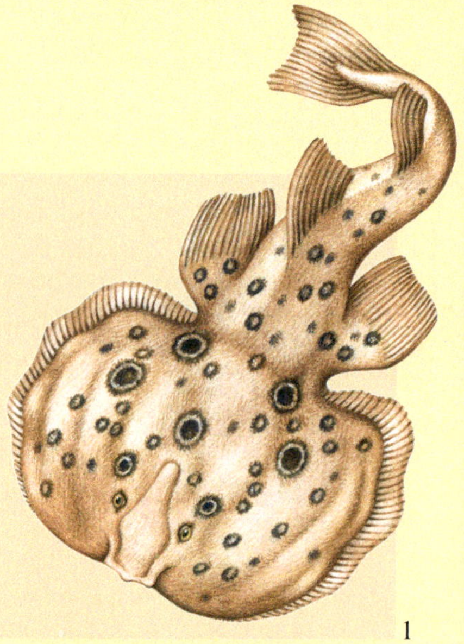
1

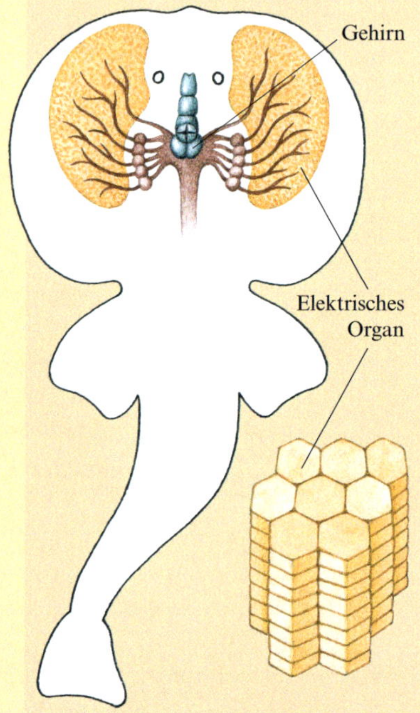

2

Nach der Entdeckung Amerikas gelangten Berichte über einen elektrischen Fisch im Urwald des Amazonas nach Europa. Beim Durchwaten von flachen Wasserstellen hatten Goldsucher und ihre Pferde kräftige elektrische Schläge verspürt, die sie zu Boden warfen. Die Lähmung der Beine ging erst nach Tagen zurück.
Der elektrische Fisch war der Zitteraal, der eine Länge von 2 m erreicht (Bild 3). Er kann elektrische Spannungen von 800 V und Stromstärken von über 1 A erzeugen. Die elektrischen Organe des Zitteraals bestehen aus 6000 „elektrischen Zellen", die „in Reihe geschaltet" sind. Die Spannungen müssen deshalb höher als beim Zitterrochen sein, weil das Süßwasser des Amazonas ein schlechterer elektrischer Leiter als das Salzwasser des Meeres ist. Auch in Afrika gibt es elektrische Fische, die Nilhechte. Sie benutzen die elektrische Spannung aber nur zur Orientierung im Wasser und zum Aufspüren von Beute.

3

Ströme und Spannungen im menschlichen Körper

Unser Körper ist ein elektrischer Leiter. Im Blut des Menschen sind Salze gelöst. Deshalb ist unser Körper ein elektrischer Leiter (Bild 1). Wie groß der Strom durch unseren Körper ist, hängt zum einen von der benutzten Elektrizitätsquelle ab. Es spielt aber auch eine Rolle, wie gut der Übergang zwischen den metallischen Kontakten und der Haut ist. Je kräftiger man zufasst, desto größer wird der elektrische Strom. Noch größer wird der Strom, wenn die Hände feucht sind.

1
Dieses Experiment darf nur mit einer Batterie durchgeführt werden.

Wirkungen des elektrischen Stromes im Körper. Am besten kann der elektrische Strom durch die Blutgefäße fließen. Diese gehen auch durch die Muskeln. Dadurch ist es möglich, dass der Strom die Tätigkeit der Muskeln stört. Es können Zuckungen und Verkrampfungen auftreten. Fließt der Strom durch das Herz, so kann sich der Herzmuskel verkrampfen und das Herz hört auf zu schlagen.
Wie groß die Wirkung des elektrischen Stromes auf den Körper ist, hängt von der Stromstärke ab. Stromstärken von
- 1 mA kann man wahrnehmen,
- 10 mA rufen ein unangenehmes Kribbeln hervor,
- 15 mA verursachen Schmerzen,
- 30 mA sind lebensgefährlich.

Außerdem ist es von Bedeutung, welche Körperteile durchflossen werden. Besonders gefährlich ist es, wenn der elektrische Strom durch den Brustkorb und damit durch das Herz fließt. Dann ist es möglich, dass das Herz aus dem Rhythmus gerät und der Tod eintritt. Eine weitere Gefahr besteht darin, dass es durch die Wärmewirkung des elektrischen Stromes zu Verbrennungen entlang der Blutbahnen kommt.

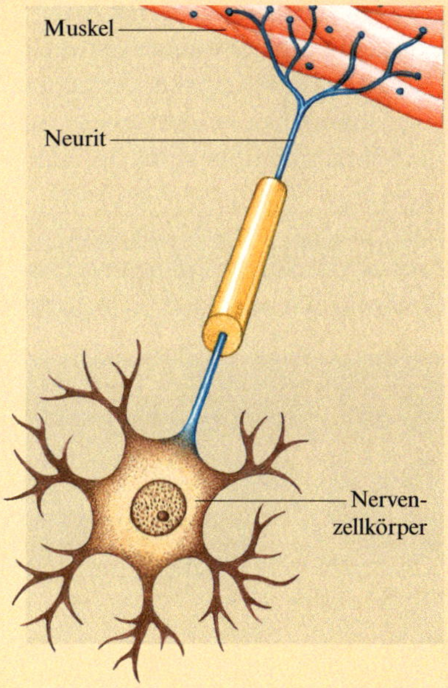

2

Spannungen in den menschlichen Nervenzellen. Der menschliche Körper enthält etwa 20 Milliarden Nervenzellen. Ihre Aufgabe ist die Weiterleitung von Informationen, z. B. vom Gehirn an die Muskeln oder von der Haut an das Gehirn. Die Nervenzellen haben lange Fortsätze (Neuriten), die elektrische Erregungen weiterleiten können. Die Neuriten können mehrere Meter lang sein (Bild 2).
Eine Spannungsmessung an Neuriten kann erfolgen, indem eine Elektrode direkt in den Neuriten eingestochen wird und die andere außerhalb bleibt. Normalerweise misst man dann eine Spannung von etwa 0,07 V. Wird die Nervenzelle z. B. am Zellkörper erregt, so erhöht sich dort die Spannung. Die Erregung wandert dann durch den Neuriten, sodass man an einer Messstelle für kurze Zeit eine Spannung von 0,09 V feststellen kann.
Solche Erregungen wandern mit einer Geschwindigkeit von etwa 100 m/s durch die Neuriten.

Aufgaben

1. Stelle eine Übersicht über die Gefahren des elektrischen Stromes zusammen und beschreibe die Schlussfolgerungen, die du daraus ziehen kannst!
2. Warum erzeugen die Zitteraale eine größere elektrische Spannung als die Zitterrochen?

Umwelt

Ströme und Spannungen in der Medizin

Die Elektrizität birgt nicht nur Gefahren für den Menschen, sondern sie kann auch zur Erkennung von Krankheiten genutzt werden. Außerdem hat man bereits vor 250 Jahren versucht, Krankheiten mit elektrischen Stromstößen zu heilen oder zu lindern. Elektriseur war ein sehr geachteter Beruf.

Elektromassage. In einer abgewandelten Form wird das Elektrisieren heute noch als Elektromassage genutzt. Die Behandlung erfolgt mit einer speziellen Massierelektrode (Bild 1).

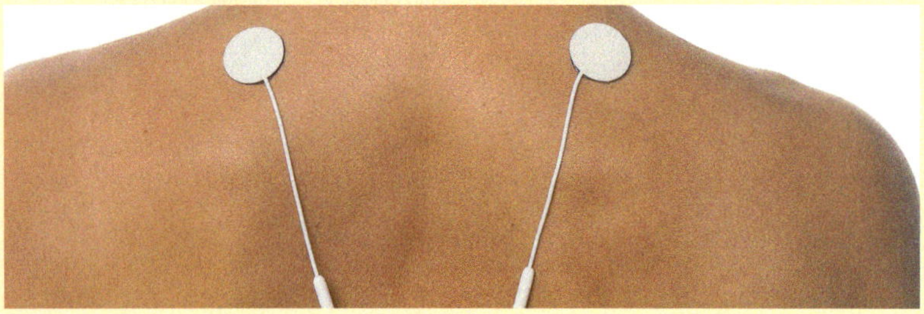

1

Elektro-Enzephalogramme. Viele Nervenzellen des menschlichen Körpers sind mit dem Gehirn verbunden. Wirkt auf unsere Sinnesorgane ein Reiz ein (wenn Licht ins Auge gelangt oder Schall ins Ohr), so fließt kurzzeitig ein schwacher Strom. Auf der Kopfhaut entstehen kleine elektrische Spannungen, die man direkt messen kann.
Die schwachen elektrischen Spannungsstöße werden auf einem Bildschirm sichtbar gemacht oder mit einem Schreiber auf Papier aufgezeichnet. Auf diese Weise erhält man ein so genanntes Elektro-Enzephalogramm (EEG). Aus dem Verlauf des EEG können Ärzte erkennen, ob die Sinnesorgane und das Gehirn normal arbeiten oder ob ein Gehirnleiden oder eine Gehirnverletzung vorliegt.

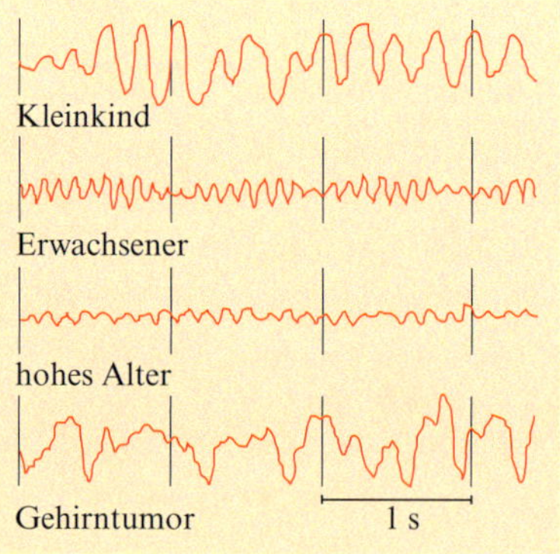

2

Ein EEG weist im Ruhezustand typische, regelmäßige Strukturen auf. An Unregelmäßigkeiten können manche Krankheiten des Gehirns erkannt werden.
Die an der Kopfhaut auftretenden Spannungen betragen ungefähr 0,000 1 V.

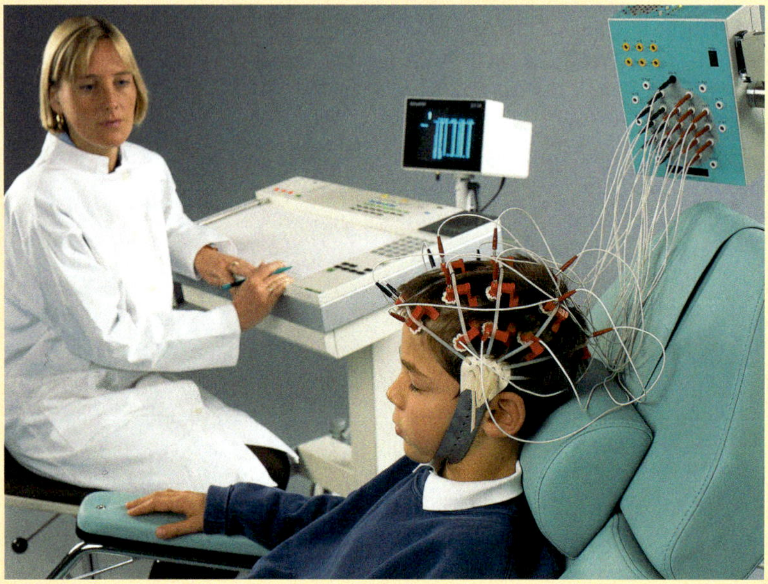

3

Elektro-Kardiogramme. Bei allen Lebewesen erzeugen die großen Muskeln, insbesondere die Herzmuskeln, elektrische Ströme. Die elektrischen Stromstöße, die beim Herzschlag auftreten, können im Bereich des Brustkorbs, aber auch an Händen und Füßen gemessen werden. Damit man sie besonders deutlich wahrnehmen kann, werden die Kontaktplättchen angefeuchtet. Dadurch entsteht ein guter Übergang für den elektrischen Strom.
Die Aufzeichnung dieser elektrischen Stromstöße nennt man Elektro-Kardiogramm (EKG). Aus dem EKG können die Ärzte den Rhythmus der Herztätigkeit erkennen und feststellen, ob der Herzmuskel geschädigt ist. Oft wird dabei untersucht, ob das Herz im normalen Zustand des Körpers und auch bei sportlicher Betätigung regelmäßig arbeitet (Belastungs-EKG).

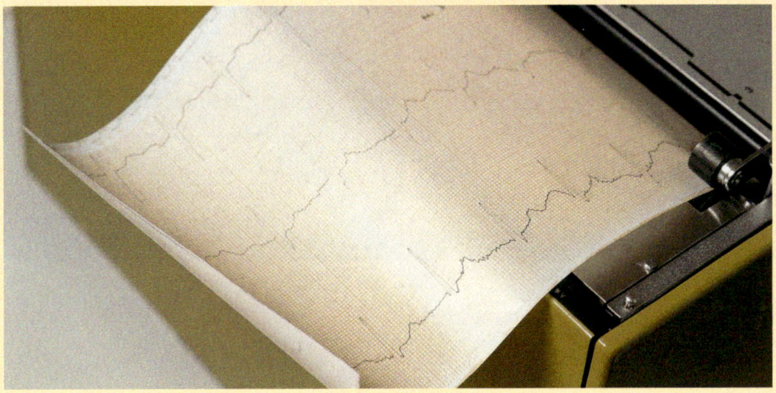
1

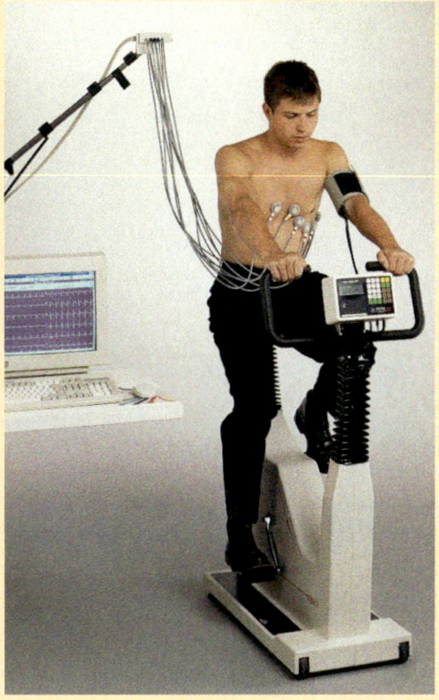
2

Ein Herzschrittmacher kann lebenswichtig sein. Unser Herz schlägt im Ruhezustand etwa 60- bis 100-mal pro Minute. Bei so genannten Herzrhythmusstörungen kommt es vor, dass das Herz viel schneller oder viel langsamer schlägt. Unterhalb von etwa 40 Schlägen pro Minute wird es für den Menschen gefährlich. Menschen, deren Herz zu langsam schlägt, kann mit einem Herzschrittmacher geholfen werden (Bild 3). Der Herzschrittmacher steuert den Rhythmus des Herzschlages über kleine Stromstöße. Er wird meist in der Nähe der Schulter unter der Haut eingepflanzt und über eine elektrische Leitung mit dem Herzen verbunden. Moderne Herzschrittmacher sorgen dafür, dass das Herz 60- bis 160-mal pro Minute schlägt – je nach Belastung des Körpers.

3

Aufgaben

1. Warum benutzt man zum Anfeuchten der Kontaktplättchen salzhaltiges Wasser und nicht reines, destilliertes Wasser?
2. Wo befinden sich die Elektrizitätsquellen
   a) für das EEG und
   b) für das EKG?
3. Was ist der Nachteil eines Herzschrittmachers, der nur immer denselben Rhythmus angeben kann?
4. In manchen Filmen sieht man, dass bei Verhören so genannte Lügendetektoren benutzt werden. Wie sollen diese wohl funktionieren?
5. In der Medizin wird der elektrische Strom des weiteren für Kurzwellenbehandlungen und für die Anfertigung von Röntgenaufnahmen benötigt. Erkundige dich darüber, wann diese Verfahren benutzt werden!

Unverzweigte und verzweigte Stromkreise

1

Moderne weiße Leuchtdioden benötigen für die gleiche Helligkeit weniger elektrische Energie als Halogenlampen. Deshalb kann man die Halogenleuchten für eine Spannung von 12 V durch Leuchten mit Leuchtdioden ersetzen. Eine Leuchtdiode benötigt eine Spannung von etwa 2 V. Wie muss man die Leuchtdioden schalten, dass an jeder nur eine Spannung von etwa 2 V anliegt?

Die Stromstärke im unverzweigten und im verzweigten Stromkreis

Parallelschaltung oder Reihenschaltung? Oft kommt es vor, dass mehrere elektrische Geräte mit nur einer Elektrizitätsquelle betrieben werden sollen. Die Geräte können in Reihe oder parallel geschaltet werden (Bild 1).
Bei der Reihenschaltung fließt der Strom stets durch alle Geräte. Wenn z.B. eine Glühlampe „durchbrennt", so wird der Stromkreis unterbrochen. Dann arbeiten auch alle übrigen Geräte nicht mehr. Beim Fahrrad wird die Parallelschaltung angewendet. Der Strom verzweigt sich und durchfließt die Geräte parallel. Wenn der Scheinwerfer ausfällt, leuchtet das Rücklicht trotzdem weiter.

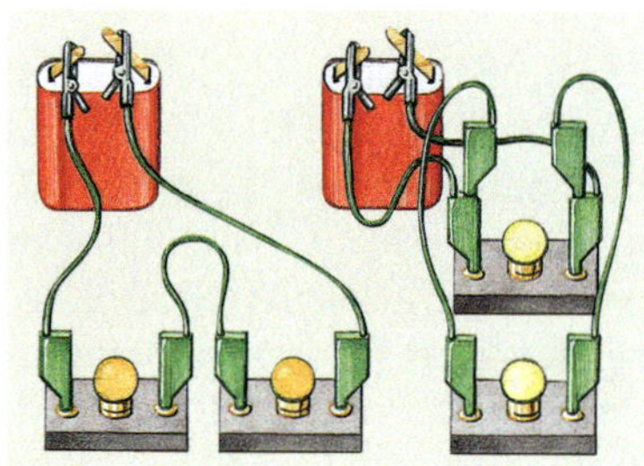

2

Reihenschaltung (links) und Parallelschaltung (rechts).

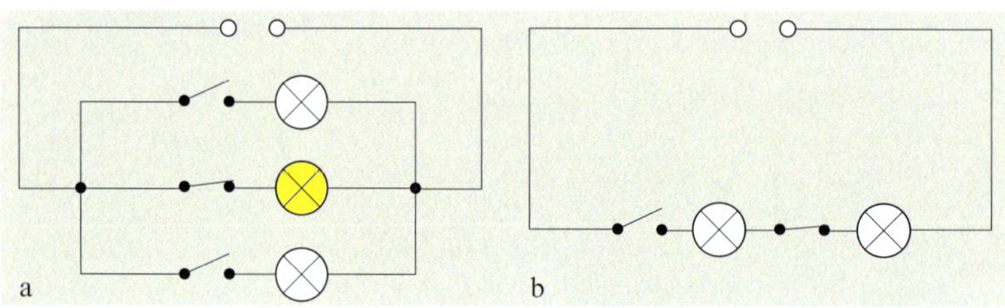

3

Parallel geschaltete Geräte können einzeln eingeschaltet werden (a), in Reihe geschaltete nicht (b).

Die elektrische Stromstärke im unverzweigten Stromkreis. Schließt du eine Glühlampe mit zwei Kabeln an eine Elektrizitätsquelle an, so leuchtet die Glühlampe auf. Ursache dafür ist die Bewegung der Elektronen im Stromkreis. Mit dem elektrischen Leitungsmodell kann man den Vorgang so beschreiben: Elektronen, die vom Minuspol der Elektrizitätsquelle ausgehen, bewegen sich durch die Kabel und die Glühlampe und gelangen schließlich zum Pluspol. Auf dem gesamten Wege kommen keine neuen Elektronen hinzu. Es gehen aber auch keine Elektronen verloren.

Mithilfe des elektrischen Leitungsmodells gelangt man zu folgender Vorhersage: In einem einfachen Stromkreis mit einer Glühlampe müsste die Stromstärke, die „vor" und „hinter" der Lampe gemessen wird, gleich groß sein.

EXPERIMENT 1

1 Stelle aus einer Elektrizitätsquelle, einer Glühlampe und einem Strommesser sowie Kabeln einen elektrischen Stromkreis zusammen. Verbinde den Minuspol der Elektrizitätsquelle mit dem mit „–" gekennzeichneten Anschluss des Strommessers!
2 Miss die Stromstärke und notiere den Wert!
3 Verändere deine Schaltung so, dass sich der Strommesser zwischen der Glühlampe und dem Pluspol der Elektrizitätsquelle befindet. Achte darauf, dass der Pluspol mit der mit „+" gekennzeichneten Buchse des Strommessers verbunden ist!
4 Lies die Stromstärke ab und notiere sie!

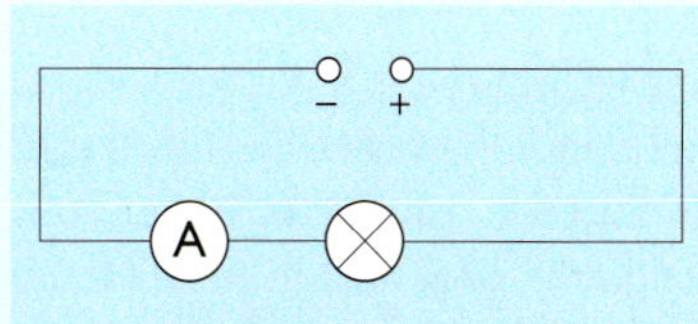

1

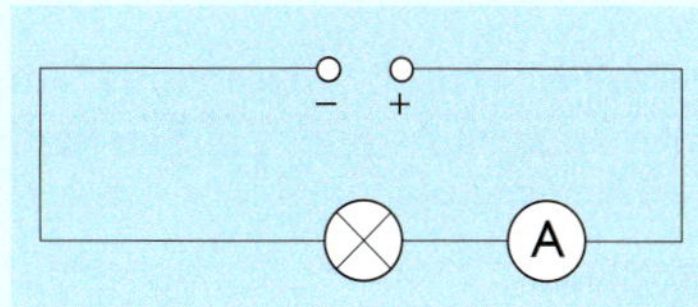

2

Die Stromstärke ist „vor" und „hinter" der Glühlampe gleich groß. Damit ist die Vorhersage mit dem Modell der Elektronenleitung bestätigt. Bei einer Reihenschaltung muss der Strom „nacheinander" durch mehrere Geräte hindurchfließen.
Zum Beispiel durchfließt der elektrische Strom im Schwibbogen im Bild 2 alle Glühlampen. Sie sind alle gleich und leuchten gleich hell. Das deutet darauf hin, dass die Stromstärke an allen Stellen des Stromkreises gleich groß ist.

3

Überprüfe auch diese Vorhersage in einem Experiment!

EXPERIMENT 2

1 Schalte zwei Glühlampen in Reihe und schließe sie an eine Elektrizitätsquelle an!
2 Öffne den Stromkreis am Minuspol der Elektrizitätsquelle, schalte den Strommesser dazwischen und miss die Stromstärke I. Achte dabei auf die richtige Polung der Anschlüsse des Strommessers!
3 Schalte den Strommesser zwischen beide Glühlampen (Punkt 1) und miss die Stromstärke I_1!
4 Ermittle die Stromstärke I_2 in Punkt 2!

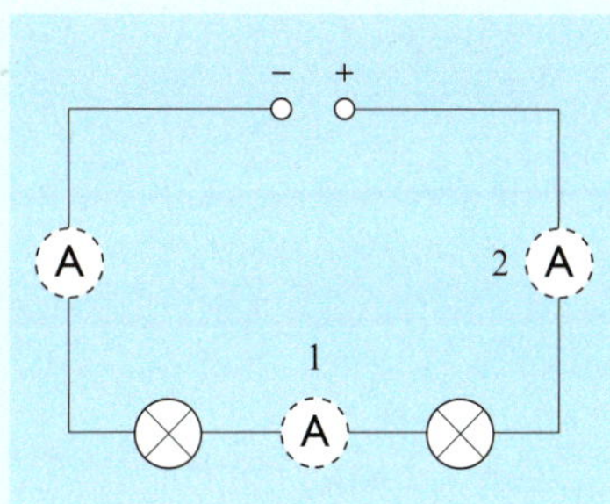

4

An allen Stellen eines unverzweigten Stromkreises bewegen sich in einer Sekunde gleich viele Elektronen durch den Leiter. Beim positiven Pol der Elektrizitätsquelle kommen genauso viele Elektronen an, wie vom negativen Pol ausgehen.

In einem unverzweigten Stromkreis ist die elektrische Stromstärke an allen Stellen gleich groß: $I = I_1 = I_2$.

Die elektrische Stromstärke im verzweigten Stromkreis. Um mehrere elektrische Geräte mit nur einer Elektrizitätsquelle zu betreiben, werden diese in der Regel parallel geschaltet. Das heißt, die Geräte werden unabhängig voneinander von jeweils einem Strom durchflossen. Dazu wird ein verzweigter Stromkreis wie in Bild 1 verwendet.

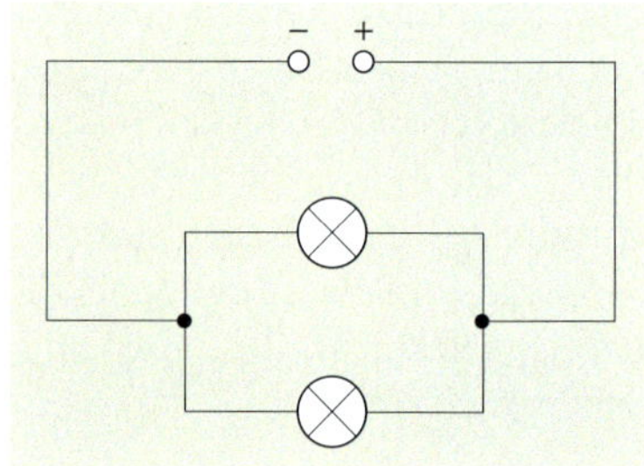

1

Auch über die Stromstärke im verzweigten Stromkreis kann man mit dem Modell der Elektronenleitung eine Vorhersage machen.

Die Elektronen bewegen sich vom Minuspol der Elektrizitätsquelle zur Verzweigungsstelle A (Bild 2). Dort teilt sich ihr Weg. Ein Teil der Elektronen bewegt sich durch den oberen Leiter, ein zweiter Teil durch den unteren. Im Punkt B treffen die Elektronen aus den beiden Leiterzweigen wieder zusammen. Gemeinsam bewegen sie sich zum Pluspol der Elektrizitätsquelle.

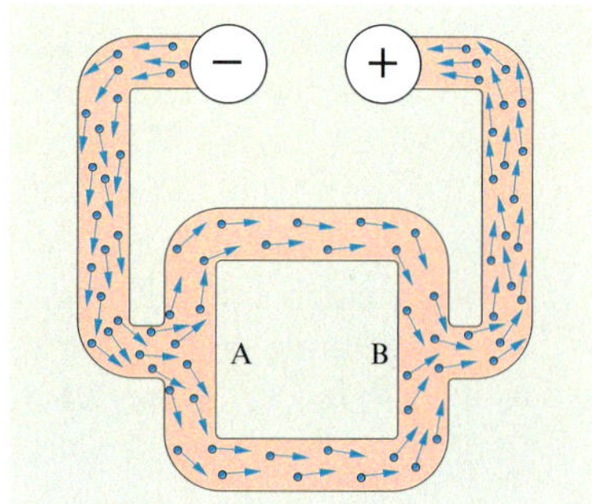

2

I ist die elektrische Stromstärke in der Zuleitung. Diese teilt sich in die Stromstärken I_1 und I_2 in den beiden Leiterzweigen. Die Summe dieser beiden Teilstromstärken I_1 und I_2 müsste deshalb gleich der Gesamtstromstärke I sein.

EXPERIMENT 3

1 Baue einen verzweigten Stromkreis auf!
2 Miss die Gesamtstromstärke I und notiere sie!
3 Schalte nacheinander den Strommesser in die beiden Leiterzweige ein. Miss die beiden Teilstromstärken!

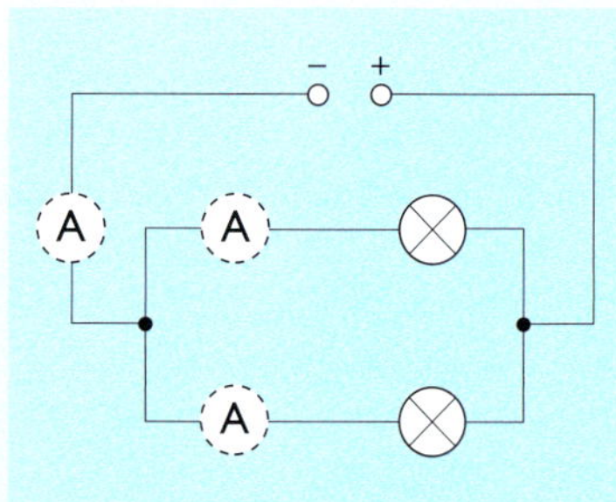

3

Die Messergebnisse bestätigen die Vorhersage: $I = I_1 + I_2$.
In den großen Leuchtern eines Theaters leuchten gleichzeitig viele Lampen. Auch in deinem Zimmer können mehrere Geräte (Lampen, Radio, Computer usw.) zu gleicher Zeit eingeschaltet sein. In der Zuleitung ist dann die Stromstärke groß. Sie verteilt sich auf die einzelnen Geräte.

4

In einem verzweigten Stromkreis ist die Gesamtstromstärke gleich der Summe der Stromstärken der Teilströme: $I = I_1 + I_2$.

Tipp! Der Umgang mit einem Vielfachmessgerät erfordert Übung. Wie muss man es anschließen und wie findet man den richtigen Messbereich?
1) Suche zunächst die Buchsen für die Messung der Stromstärke.
2) Schalte das Messgerät in Reihe mit dem Verbraucher, durch den der Strom fließt. Achte dabei auf die richtige Polung des Messgerätes.
3) Bevor du den Stromkreis schließt, schalte das Vielfachmessgerät auf den unempfindlichsten Bereich für die Strommessung (meist 10 A).
4) Wähle nach und nach kleinere Messbereiche. Überlege vor jedem Umschalten, ob die Stromstärke zu groß für den nächsten Messbereich ist.

5

Die Spannung im unverzweigten und im verzweigten Stromkreis

Die Spannung im unverzweigten Stromkreis. Jede der Glühlampen auf einem Schwibbogen ist für eine Spannung von maximal 34 V hergestellt (Bild 3, S. 103). Trotzdem kann der Schwibbogen an eine Steckdose von 230 V angeschlossen werden. Wie ist das möglich?

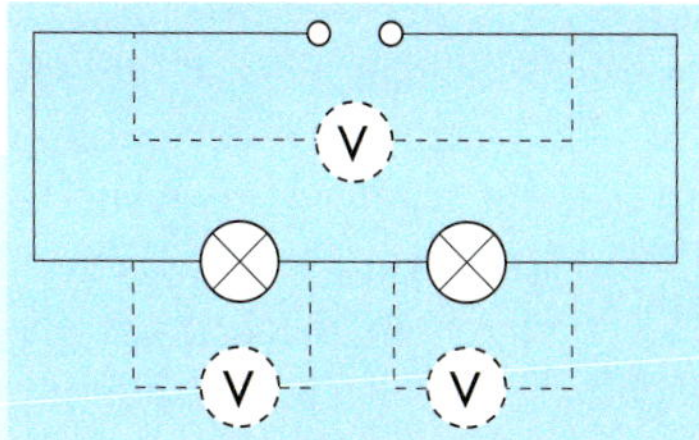

1

EXPERIMENT 4
1 Baue einen unverzweigten Stromkreis auf!
2 Miss nacheinander die Klemmenspannung und die Spannung an jeder der Glühlampen!

Addiert man die Teilspannungen, so erhält man die Klemmenspannung.

Im unverzweigten Stromkreis ist die Summe der Spannungen an den elektrischen Geräten gleich der Klemmenspannung: $U = U_1 + U_2$.

Mit diesem Gesetz kannst du die Wirkungsweise des Schwibbogens erklären. Die angelegte Klemmenspannung verteilt sich auf die einzelnen Bauelemente. Bei den 7 Lampen des Schwibbogens erhält jede Lampe nur eine Spannung von 33 V.

Die Spannung im verzweigten Stromkreis. Im verzweigten Stromkreis sind mehrere Geräte direkt mit der Elektrizitätsquelle verbunden. Wie groß ist die elektrische Spannung an den Geräten?

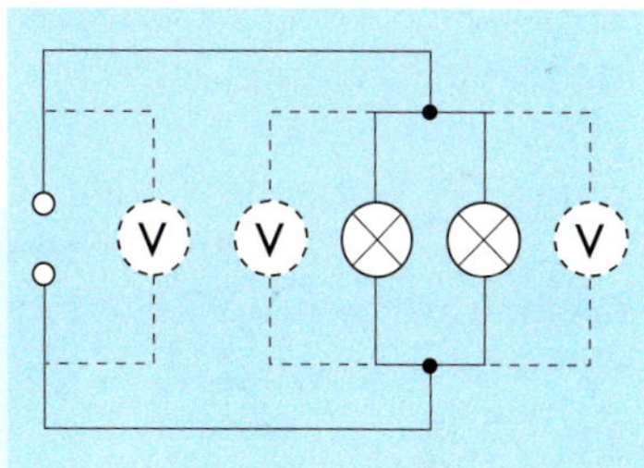

2

EXPERIMENT 5
1 Baue einen verzweigten Stromkreis auf!
2 Miss nacheinander die Spannung an der Elektrizitätsquelle sowie an beiden Glühlampen!

Der Spannungsmesser zeigt in allen Fällen die gleiche Spannung an.

Im verzweigten Stromkreis ist die Spannung an jedem der elektrischen Geräte gleich der Klemmenspannung: $U = U_1 = U_2$.

Einen verzweigten Stromkreis benutzt du zu Hause in deinem Zimmer. Alle Geräte sind parallel geschaltet. Dadurch erhalten auch alle Geräte die an den Steckdosen anliegende Spannung von 230 V.

Reihen- und Parallelschaltung von Elektrizitätsquellen. Im Batteriefach einer großen Taschenlampe befinden sich 3 Monozellen. Warum müssen es mehrere sein? Die Glühlampe benötigt eine Spannung von 4,5 V. Jede Monozelle hat aber nur eine Spannung von 1,5 V. Die Monozellen werden so eingelegt, dass jeweils der Minuspol einer Monozelle mit dem Pluspol der folgenden verbunden ist. Auf diese Weise addieren sich die drei einzelnen Spannungen.

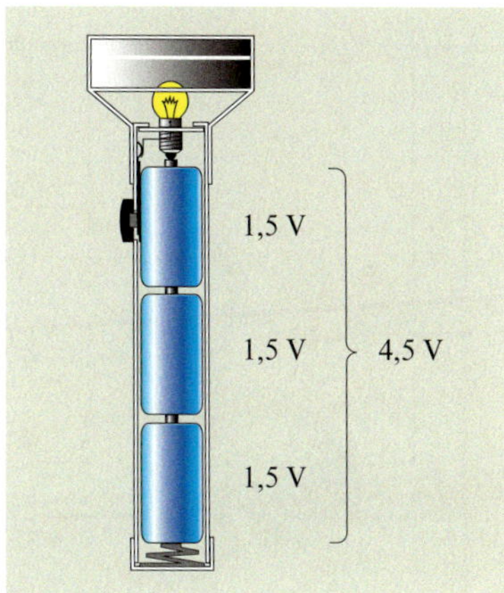

3

Blick in die **Technik**

Stromkreise im Haushalt

Der elektrische Strom fließt durch ein dickes Kabel in unsere Wohnung. Am Eingang verzweigen sich die Elektrizitätsleitungen. Man kann die Enden des Kabels als Elektrizitätsquelle betrachten, da sie mit dem Elektrizitätswerk verbunden sind.
Von hier aus fließt der Strom in die einzelnen Stromkreise. Ein Teil kann zur Küche fließen. Ist z. B. gerade eine Herdplatte eingeschaltet, dann fließt der Strom durch den geschlossenen Schalter und die Heizwendeln und gelangt wieder zum Kabelanschluss zurück. Dabei ist besonders wichtig, dass er auch eine Sicherung durchfließt. Das erfolgt, bevor er zu den einzelnen Steckdosen gelangt. Diese Verbindung von Kabelanschlüssen, Sicherung, Schalter und Kochplatte stellt einen Stromkreis dar. Es ist ein verzweigter Stromkreis, denn es sind weitere Geräte an Steckdosen angeschlossen (Kühlschrank, Mikrowellenherd, Wasserkocher). Wenn sich der Kühlschrank automatisch einschaltet, so fließt in diesem parallel zum Kochherd ebenfalls Strom.
Ein weiterer Teil des Stromes aus dem dicken Kabel fließt zum Bad. Auch er durchfließt zunächst eine Sicherung. Dann gelangt er über Steckdosen zu Waschmaschine, Infrarotstrahler und Lüfter sowie Föhn oder elektrische Zahnbürste. Auch hierbei handelt es sich um einen verzweigten Stromkreis. Weitere Stromkreise versorgen Wohn- und Arbeitszimmer bzw. Schlafzimmer, Kinderzimmer und Flur.

Worin liegen die Vorzüge solcher getrennter, verzweigter Stromkreise?

1. Tritt in einem der Geräte ein Kurzschluss auf, so unterbricht die betreffende Sicherung den Stromfluss. Danach arbeiten nur die Geräte nicht mehr, die sich in diesem Stromkreis befinden. Alle übrigen Geräte in der Wohnung werden damit nicht behindert.
2. Sollte in einem beliebigen Stromkreis ein Schaden auftreten, so öffnet man in diesem die Sicherung. Dann kann man die Reparatur ohne Gefahr durchführen. Die Geräte in den anderen Stromkreisen arbeiten dabei unbehindert weiter.

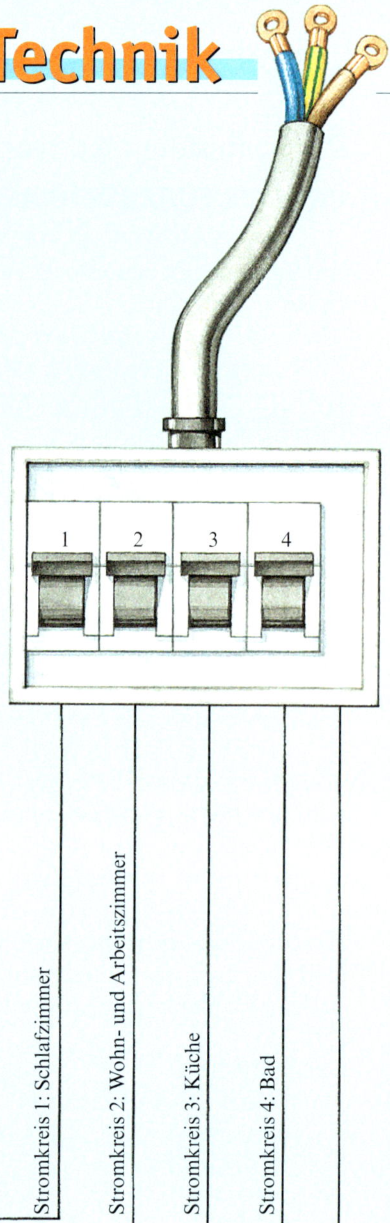

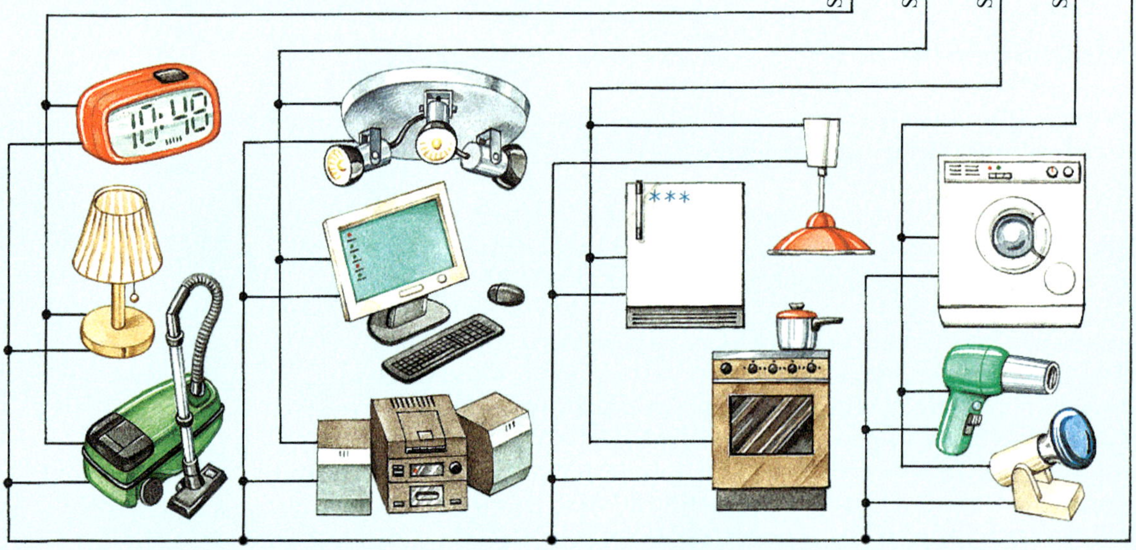

1

Weißt du es? Kannst du es

1. Erkläre mit dem elektrischen Leitungsmodell, dass in einem verzweigten Stromkreis die Gleichung $I_{ges} = I_1 + I_2$ gilt!
2. In einem verzweigten Stromkreis misst du folgende Teilstromstärken: $I_1 = 130\,\text{mA}$, $I_2 = 50\,\text{mA}$. Gib die Stromstärke in der Zuleitung an!
3. Bei einer Modelleisenbahn ist die Stromstärke in der Elektrizitätsquelle $I = 3{,}2\,\text{A}$. Die Stromstärke I_1 in der Lokomotive beträgt 1,2 A. Wie groß ist die Stromstärke I_3 des Stromes für die Beleuchtung der Anlage?
4. Die Lichterkette eines Weihnachtsbaumes besteht aus 16 Lampen. Sie wird an eine Steckdose mit 230 V angeschlossen. Welche Spannung erhält etwa jede Lampe?
5. Du hast eine Glühlampe an eine Taschenlampenbatterie angeschlossen. Die Lampe leuchtet hell. Was wird geschehen, wenn du nacheinander weitere Lampen zur ersten parallel schaltest?
6. Ein Kronleuchter enthält 3 Glühlampen. Zeichne die Schaltung auf!
7. Der Akkumulator eines Busses besteht aus 12 Zellen. Jede Zelle liefert eine Spannung von 2 V. Wie groß ist die Gesamtspannung?
8. Sind die Glühlampe und der Motor in einem Kühlschrank parallel oder in Reihe geschaltet? Begründe!
9. Eine Sicherung soll ein Gerät und die Leitungen vor Überlastung schützen, wenn aus irgend einem Grund die Stromstärke zu hoch ist. Wie müssen Sicherung und Gerät geschaltet sein?
10. Ergänze die fehlenden Angaben!

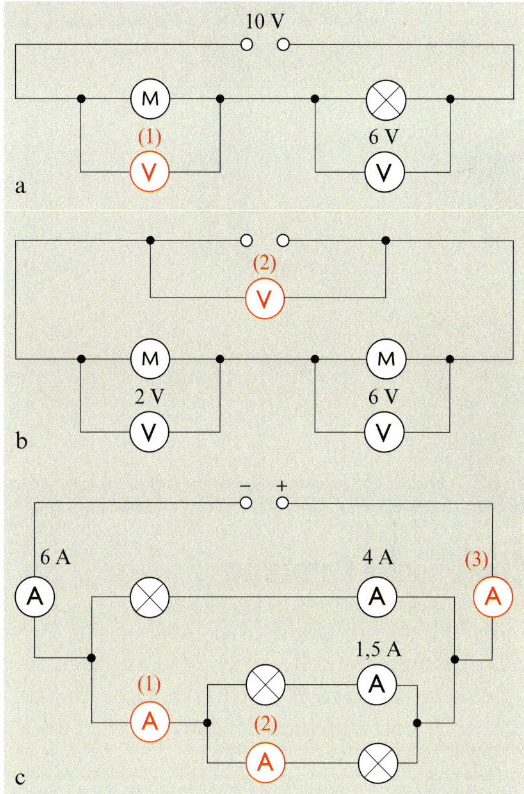

1

Kurz und knapp!

Stromstärke in Stromkreisen

Im unverzweigten Stromkreis ist die elektrische Stromstärke an allen Stellen gleich groß: $I = I_1 = I_2$.

Im verzweigten Stromkreis ist die Gesamtstromstärke gleich der Summe der Teilstromstärken: $I_{ges} = I_1 + I_2$.

Spannung in Stromkreisen

Im unverzweigten Stromkreis ist die Summe aller Teilspannungen an den einzelnen Geräten gleich der Klemmenspannung: $U = U_1 + U_2$.

Im verzweigten Stromkreis ist die elektrische Spannung an jedem Gerät gleich der Klemmenspannung: $U = U_1 = U_2$.

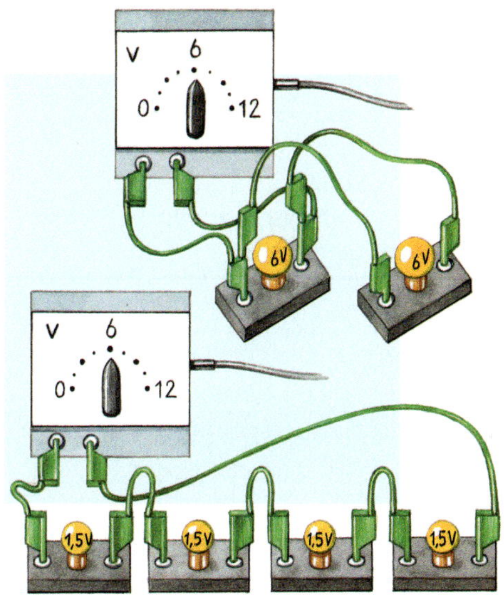

Elektrische Leistung – elektrische Energie

1

Funkferngesteuerte Autos haben einen 9-V-Akkumulator.
Solche Fahrzeuge gibt es mit Elektromotoren mit unterschiedlicher Leistung zu kaufen.
Wovon hängt die elektrische Leistung ab?

Elektrische Leistung

2

In der Mechanik gibt die Leistung an, wie viel mechanische Arbeit in einer bestimmten Zeit verrichtet wird. Auch ein Elektromotor verrichtet Arbeit, wenn er z. B. eine Last anhebt (Bild 2). Da hierfür Elektrizität notwendig ist, sagt man, der Motor hat eine elektrische Leistung.

Die elektrische Leistung P_{el} eines Gerätes gibt an, wie viel elektrische Arbeit das Gerät in einer bestimmten Zeit verrichtet.

In einem Experiment soll untersucht werden, wie die elektrische Leistung von der Spannung und von der Stromstärke abhängt. Für den Vergleich der Leistung werden gleichartige Glühlampen eingesetzt. Bei gleicher Helligkeit haben diese Glühlampen jeweils die gleiche Leistung.

EXPERIMENT 1

1 Eine Glühlampe wird an die 6-V-Buchsen einer Elektrizitätsquelle angeschlossen. U und I werden gemessen.

2 Zwei Glühlampen werden parallel an die 6-V-Buchsen einer Elektrizitätsquelle angeschlossen. U und I werden gemessen.

3 Zwei Glühlampen werden in Reihe an die 12-V-Buchsen einer Elektrizitätsquelle angeschlossen. U und I werden gemessen.

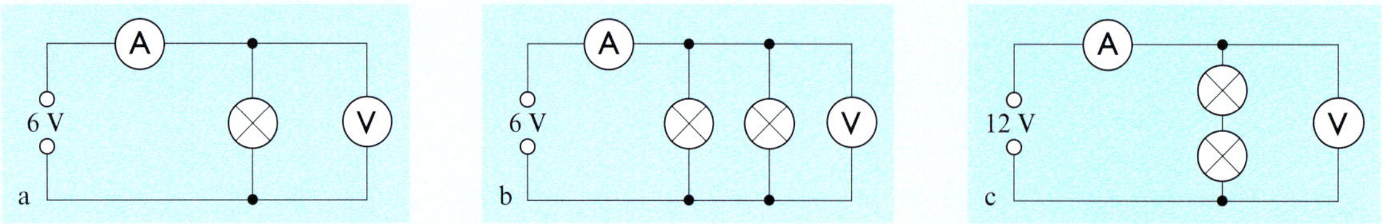

3

In allen drei Fällen leuchten die einzelnen Glühlampen gleich hell. Die Messwerte für Stromstärke und Spannung könnten z. B. sein:

Anzeige der Messgeräte	Spannung 6 V Stromstärke 1 A	Spannung 6 V Stromstärke 2 A	Spannung 12 V Stromstärke 1 A
Anzahl der gleich hell leuchtenden Lampen	eine	zwei	zwei

Das Experiment 1 zeigt, dass die Leistung umso größer wird,
- je größer bei konstanter Spannung die Stromstärke und
- je größer bei konstanter Stromstärke die Spannung wird.

Weitere Untersuchungen belegen, dass die Leistung elektrischer Geräte P_{el} proportional zur anliegenden Spannung U und proportional zur Stromstärke I ist.

Die elektrische Leistung eines Gerätes ist umso größer, je größer die Stromstärke und die anliegende Spannung sind. Es gilt: $P_{el} = U \cdot I$.

Die elektrische Leistung hat die Einheit Watt. Es gilt: $1\,W = 1\,V \cdot A$.
Da diese Einheit sehr klein ist, werden in der Praxis oft Vielfache verwendet, z. B. Kilowatt (kW) oder Megawatt (MW).

1
Leistungsmesser

Zur Leistungsbestimmung kann man Spannung und Stromstärke getrennt messen und anschließend die Größen multiplizieren. Zur direkten Messung gibt es auch Messgeräte, die Leistungsmesser heißen (Bild 1). Diese Geräte haben je ein Buchsenpaar für die Spannung U und für die Stromstärke I. Der Skalenwert entspricht dem Produkt dieser beiden Größen.

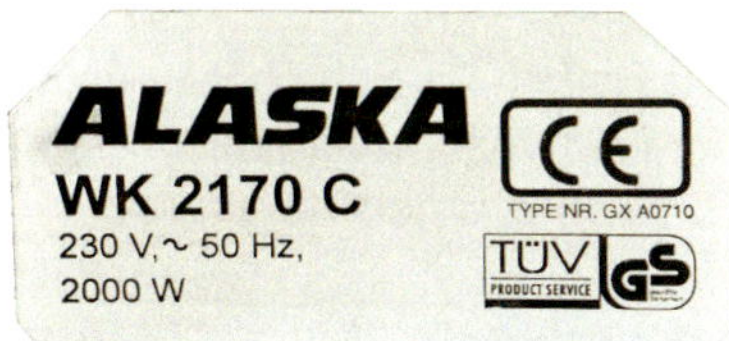

2
Typenschild

Berechnen der elektrischen Leistung. Einige typische Leistungsangaben für elektrische Geräte zeigt die nebenstehende Tabelle. Bei vielen Geräten findest du die Leistungsangabe auf dem Typenschild (Bild 2) oder in der Bedienungsanleitung. Die angegebene Leistung hat das Gerät jedoch nur dann, wenn die vorgegebene Betriebsspannung eingehalten wird. Bei zu kleiner Spannung ist die Stromstärke zu gering. Die zu geringe Leistung erkennst du an einer mangelhaften Funktion. Z. B. leuchtet eine Glühlampe nur schwach. Bei zu großer Spannung tritt in der Regel eine Überhitzung des Gerätes auf, da die Stromstärke zu groß wird.

Leistung einiger Geräte	
Gerät	**Leistung**
Quarzuhr	1 µW
Taschenrechner	0,5 mW
Telefon	0,1 W
Spielzeugmotor	1 W
Fahrradlampe	2,4 W
Fahrraddynamo	3 W
Faxgerät	50 W
Fernseher	120 W
Toaster	750 W
Staubsauger	1 000 W
Föhn	1 200 W
Waschmaschine	2 000 W
Straßenbahn	160 kW
E-Lok	5 MW

Beispiel für die Berechnung der Leistung
An einer Glühlampe wird eine Spannung von 6 V und eine Stromstärke von 0,83 mA gemessen.
Welche Leistung hat die verwendete Glühlampe?

Gesucht: P_{el}
Gegeben: $U = 6\,V$
$I = 0{,}83\,A$

Lösung: $P_{el} = U \cdot I$
$P_{el} = 6\,V \cdot 0{,}83\,A$
$\underline{\underline{P_{el} = 5\,W}}$

Ergebnis: Die Leistung der Glühlampe beträgt 5 W.

Elektrische Energie

Elektrogeräte nutzen wir ständig, sie nehmen uns viele Tätigkeiten ab und setzen dabei die vom Elektrizitätswerk bereit gestellte Energie in andere Formen um. Für diese Bereitstellung müssen wir beim Elektrizitätswerk bezahlen. Wer hier etwas sparen will, der muss wissen, wovon die elektrische Energie abhängt und wie sie berechnet wird.

1

Die Abhängigkeit der umgesetzten elektrischen Energie von Größen im Stromkreis. Immer wenn in einem Stromkreis ein Strom durch Bauteile und Verbindungsleitungen fließt, wird elektrische Energie umgewandelt und führt zu Wirkungen, die du beobachten kannst: ein Elektromotor verrichtet Hubarbeit, eine Lampe sendet Licht aus, eine Herdplatte gibt Wärme ab.
Die umgesetzte elektrische Energie kann mithilfe der elektrischen Leistung bestimmt werden. Die Leistung gibt an „wie schnell“ der Energieumsatz erfolgt: $P_{el} = \frac{E_{el}}{t}$. Also ist $E_{el} = P_{el} \cdot t$. Ebenso wie die elektrische Leistung kann auch die umgesetzte elektrische Energie mithilfe der Größen Spannung und Stromstärke ermittelt werden.

Die umgesetzte elektrische Energie ist umso größer, je größer die anliegende Spannung und die Stromstärke im Gerät sind und je größer die Zeit ist, in der der Strom fließt.
Es gilt: $E_{el} = P_{el} \cdot t$ $\quad$ $E_{el} = U \cdot I \cdot t$

Die Einheit der elektrischen Energie ist Joule (J). Häufig wird aber auch die Einheit Wattsekunde (W · s) verwendet.
Es gilt: $1\,W \cdot s = 1\,V \cdot A \cdot s = 1\,J$.
Eine viel größere Einheit für die elektrische Energie ist die Kilowattstunde (kW · h). Eine Kilowattstunde wird verrichtet, wenn ein Gerät mit einer Leistung von 1 000 W eine Stunde lang in Betrieb ist.
Es gilt also für die Umrechnung:
$1\,kW \cdot h = 1\,000\,W \cdot 3\,600\,s = 3\,600\,000\,W \cdot s$. Also $1\,kW \cdot h = 3\,600\,kJ$.

Berechnen und Messen der umgesetzten elektrischen Energie. Wenn die Leistung des verwendeten Gerätes bekannt ist, kann die elektrische Energie mithilfe der Zeit berechnet werden, die das Gerät in Betrieb ist.

Beispiel
Welche elektrische Energie wird in einem Wasserkocher (P_{el} = 2,5 kW) umgesetzt, der 5 Minuten lang in Betrieb ist?
Die elektrische Energie wird dabei in Wärme umgewandelt.

Gesucht: E_{el}
Gegeben: $P_{el} = 2{,}5\,kW$
$t = 5\,min = 300\,s$

Lösung: $E_{el} = P_{el} \cdot t$
$E_{el} = 2\,500\,W \cdot 300\,s$
$E_{el} = 750\,000\,W \cdot s = 750\,kJ$
$\underline{\underline{E_{el} = 0{,}2\,kW \cdot h}}$

Ergebnis: Es wird eine elektrische Energie von 0,2 kW · h in dem Wasserkocher umgesetzt.

2

Als Messgerät für die umgesetzte elektrische Energie kennst du von zu Hause den **Elektrizitätszähler;** man nennt ihn auch Kilowattstundenzähler. Der gesamte Strom, der bei euch durch die elektrischen Geräte fließt, fließt auch durch diesen Zähler. Der Elektrizitätszähler soll im folgenden Experiment zur Messung der elektrischen Energie eingesetzt werden.

Wie viele Umdrehungen macht die Scheibe des Zählers in Abhängigkeit von der Leistung angeschlossener Geräte in einer bestimmten Zeit?

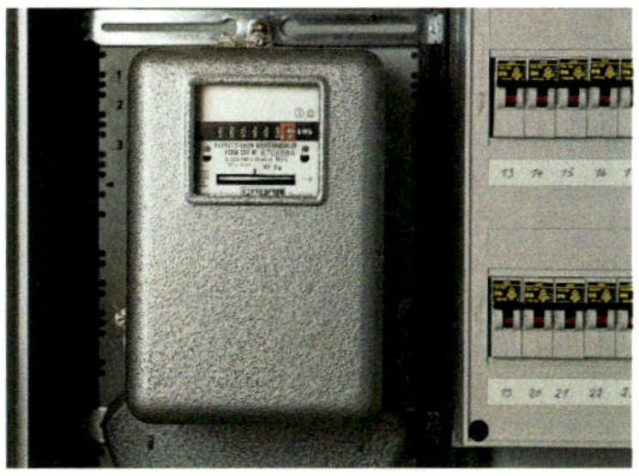
1

EXPERIMENT 2

Nacheinander werden ein Reisetauchsieder mit $P_{el} = 0{,}2\,kW$ und ein Haushaltstauchsieder $P_{el} = 1\,kW$ jeweils die gleiche Zeit lang eingeschaltet. Die Anzahl der Umdrehungen der Zählerscheibe wird notiert.

Gerät	*elektrische Leistung P_{el} in kW*	*Anzahl der Umdrehungen*

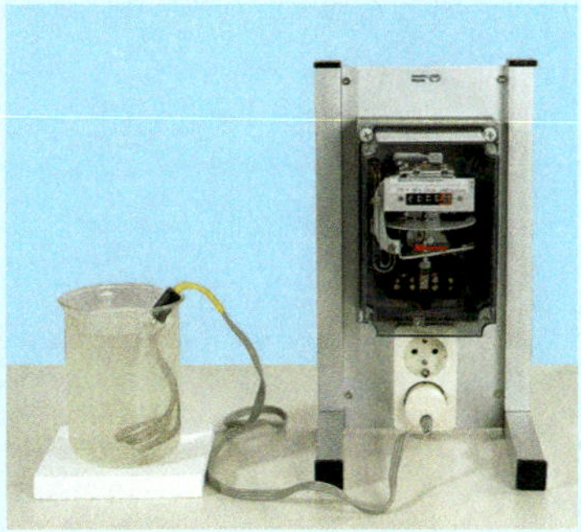
2

Aus dem Experiment ergibt sich, dass die Anzahl der Umdrehungen bei konstanter Zeit t proportional zur elektrischen Leistung P_{el} ist.
Wenn man ein elektrisches Gerät unterschiedlich lange Zeit einschaltet, stellt man fest, dass die Anzahl der Umdrehungen der Zählerscheibe bei konstanter Leistung P_{el} proportional zur Zeit t ist.
Die Anzahl der Umdrehungen ist ein Maß für die umgesetzte elektrische Energie. In der Regel entsprechen bei den im Haushalt verwendeten Zählern 75 Umdrehungen einer elektrischen Energie von $1\,kW \cdot h$.

Die Rechnung des Elektrizitätswerkes. Einmal im Jahr wird der Elektrizitätszähler abgelesen. Auf der Rechnung erscheint dann aber nicht nur die vom Elektrizitätswerk bezogene Energie.
Im folgenden Beispiel muss der Kunde
- einen festen Anteil für die Bereitstellung in Höhe von 37,50 €/Jahr und für die Messung von 29,10 €/Jahr,
- einen Anteil für die vom Elektrizitätswerk bezogene Anzahl der Kilowattstunden in Höhe von 0,08 €/kW·h und einen „Leistungspreis" von 0,02 €/kW · h zahlen.

Daraus ergeben sich Kosten von etwa 0,13 €/kW · h.

Stadtwerke

Rechnungsnummer 297031
Zählernummer 101365

Berechnungsnachweis über Strom-Verbrauch

Berechnung nach Haushalt		Tage	Preis	Betrag
Zählerstand am 08.03.98	3564			
Zählerstand am 05.03.99	5980	363		
Verbrauch (Faktor 1,0000)	2416 kWh			
Bezugspreis (€/kWh)			0,08 €/kWh	193,28 €
Leistungspreis fest				37,50 €
Preis nach Verbrauch			0,02 €/kWh	48,32 €
Messpreis			29,10 €/Jahr	28,94 €
Gesamt				**308,04 €**

3

SCHON GEWUSST?

Die Bereitstellung elektrischer Energie verteuert sich ständig, weshalb die Elektrizitätswerke jährlich bei den zuständigen Behörden eine „Strompreiserhöhung" von ca. 3 % bis 5 % genehmigt bekommen. Energiesparen lohnt sich also finanziell und schont gleichzeitig die Umwelt! (Mehr dazu erfährst du auf den folgenden Seiten.)

Projekt

Energie messen und sparen

1

„Energiesparen ist die Energiequelle der Zukunft“: Wenn wir sparsam mit unseren Energievorräten umgehen, dann halten die Vorräte länger und die Umwelt wird weniger verschmutzt.
Aber wo lässt sich Energie sparen? – Meistens dort, wo auch besonders viel verbraucht wird. In diesem Bild entweicht viel Dampf, und mit ihm Energie, aus dem Topf. Außerdem gelangt ein großer Teil der Energie, die die Platte abgibt, nicht ins Wasser, sondern erwärmt die Luft.

Energiemessungen mit der Stoppuhr. Der Verbrauch an elektrischer Energie lässt sich sehr genau mit einem Elektrizitätszähler bestimmen. Aber auch ohne ein solches Energiemessgerät kann man einiges über den Energieverbrauch einer Herdplatte oder einer Gasflamme erfahren. Eine Stoppuhr genügt. Man muss sich dabei allerdings vergewissern, dass die Platte bzw. die Flamme in gleichen Zeiten immer gleich viel Energie abgibt.

AUFTRAG 1
Erhöht die Temperatur von verschieden großen Wassermengen jeweils um 20 °C.
Tragt eure Messwerte in eine Tabelle ein!

Temperaturerhöhung um 20 °C

Wassermenge	Zeit in s Elektroherd	Zeit in s Gasflamme
0,5 l		
1 l		
1,5 l		
2 l		

2

Die meisten Heizgeräte geben thermische Energie gleichmäßig ab – in jeder Minute gleich viel. Wenn ihr immer dieselbe Kochplatte benutzt, braucht ihr also nur die Zeit zu messen und ihr habt ein Maß für die verbrauchte Energie: Siedet das Wasser schon nach der Hälfte der Zeit, habt ihr auch nur halb so viel Energie verbraucht.

AUFTRAG 2
Messt die Zeit, die nötig ist, um 1 Liter Wasser auf immer derselben Kochplatte oder Gasflamme zum Sieden zu bringen! Eine Herdplatte müsst ihr vor jeder Messung erst ganz abkühlen lassen.
1 Benutzt zunächst einen kleinen Topf ohne Deckel!
2 Deckt denselben Topf zu und wiederholt die Messung!
3 Benutzt einen größeren Topf, der genau auf die Herdplatte passt!
4 Versucht mit möglichst wenig Energie auszukommen! Kann die Platte auch schon vor dem Sieden abgeschaltet werden?
5 Stellt eure Ergebnisse als „Säulendiagramm“ dar und formuliert Empfehlungen zum Energiesparen!

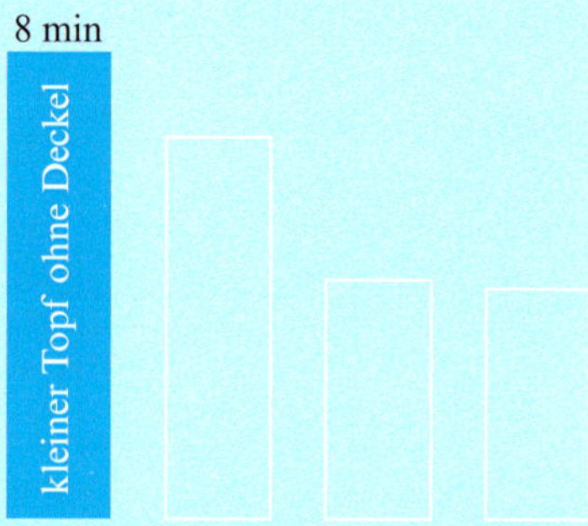

3

Der Energieverbrauch zu Hause. Mit eurem Elektrizitätszähler zu Hause kannst du selbst herausfinden, wie viel elektrische Energie ihr im Jahr ungefähr verbraucht. Auch die Energierechnung gibt darüber Auskunft.
Wofür aber benötigt ihr diese Energie hauptsächlich? Leider kannst du zu Hause keine einzelnen Geräte an den Zähler anschließen. Aber es gibt noch eine weitere Möglichkeit, elektrische Energie zu messen.

1

Welches Gerät verbraucht die meiste Energie?

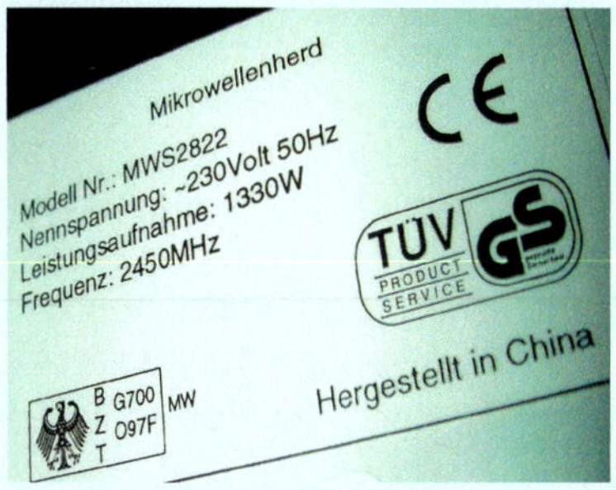

2

Wenn du die Leistung eines Gerätes herausgefunden hast, brauchst du nur noch die Zeit zu messen, die es angeschaltet ist, und schon kannst du die benötigte Energie berechnen.

AUFTRAG 3

1 Finde heraus, wie viel elektrische Energie bei verschiedenen Tätigkeiten im Haushalt benötigt wird, z. B. beim Musikhören, Haartrocknen und Fernsehen, für die Zimmerbeleuchtung oder den Computer mit Monitor!
2 Informiere dich dazu über die Leistung der entsprechenden Geräte. Berücksichtige auch den Betrieb von Geräten, die oft „im Verborgenen" wirken, z. B. Durchlauferhitzer oder elektronische Geräte im Stand-by-Betrieb!
3 Berechne daraus die Energie, die diese Geräte in 24 Stunden (ohne Unterbrechung) verbrauchen!

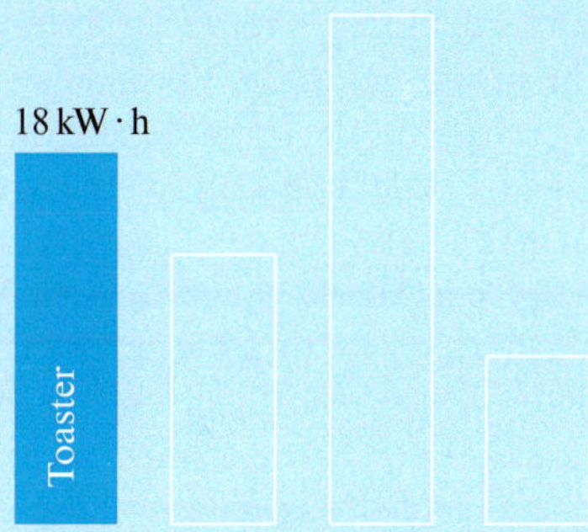

3

Untersuche nun gemeinsam mit deiner Familie Möglichkeiten zum Einsparen von elektrischer Energie:

AUFTRAG 4

1 Miss den Verbrauch der elektrischen Energie deiner Familie in einer ganz normalen Woche!
2 Verabrede mit deiner Familie verschiedene Maßnahmen, um eine Woche lang besonders sparsam mit elektrischer Energie umzugehen! Welche Vorschläge kannst du dazu machen?
3 Wiederhole die Messung des Energieverbrauchs während eurer „Energiesparwoche"! Wie viel Energie könntet ihr auf diese Weise in einem ganzen Jahr sparen?
4 Berichte über deine Ergebnisse. Benenne auch die Schwierigkeiten, die sich beim Energiesparen herausgestellt haben!

4

Bewusster und rationeller Umgang mit Energie

Die wichtigste Möglichkeit, Umweltbelastungen gering zu halten, besteht im Einsparen von Energie. Wie lässt sich das erreichen?

Energieeinsparung durch technische Verbesserungen in der Industrie. In vielen veralteten Industriebetrieben wird die Energie noch nicht sinnvoll genug genutzt. Die Wirkungsgrade der Maschinen sind zu klein. Viel thermische Energie wird als Abwärme an die Umgebung abgegeben, die für andere Zwecke, z. B. für die Heizung, genutzt werden könnte. Auch durch noch stärkeres Wiederverwerten alter Erzeugnisse können große Mengen Energie eingespart werden. Die Wiederaufbereitung von verschiedensten Materialien, vor allem von Metallen, Gläsern und Kunststoffen, nützt der Umwelt, weil dadurch die Mülldeponien entlastet werden. Die Wiederaufbereitung erfordert auch viel weniger Energie als die Neuherstellung aus Rohstoffen (Bild 1).

1

Rohstoffe sparen heißt Energie sparen.

Energieeinsparung im Verkehr. Die Autoindustrie entwickelt von Jahr zu Jahr Fahrzeuge mit geringerem Benzinverbrauch. Die Fahrzeuge werden leichter und windschlüpfriger, ihre Motoren haben einen größeren Wirkungsgrad als früher. Die Käufer sollten darüber nachdenken, wie groß ihr Auto unbedingt sein muss.
Auch der Staat kann durch höhere Steuern für Mineralöl und Autos mit großem Hubraum auf die Menschen einwirken, umweltfreundlichere Autos zu kaufen. Weiterhin sollte die Benutzung der öffentlichen Verkehrsmittel gefördert werden (siehe Tabelle). Damit möglichst viele Menschen auf die öffentlichen Verkehrsmittel umsteigen, müssen diese schnell, bequem und preiswert sein.

Energiebedarf im Personenverkehr

Transportmittel	Energie in kJ pro km und Person
Eisenbahn (Fernverkehr)	340
S-Bahn	380
Straßenbahn	470
Bus	610
Eisenbahn (Nahverkehr)	1 090
Motorrad	1 370
Flugzeug (Auslandsflug)	1 730
Pkw (mit 1 Person besetzt)	2 320

Energieeinsparung durch bessere Wärmedämmung. In den deutschen Haushalten wird drei Viertel der Energie für die Heizung benötigt. Damit die Wärme nicht so leicht aus dem Haus ins Freie gelangt, muss man beim Bau der Häuser stark wärmedämmende Materialien einsetzen. Auch eine nachträgliche Isolierung bei älteren Gebäuden lohnt sich.

Energieeinsparung durch persönliches Verhalten. Neben diesen Maßnahmen kann jeder Einzelne einen Beitrag zur Energieeinsparung leisten. Du selbst kannst besonders viel Energie bei der Warmwasserbereitung, also beim Kochen, Baden und Heizen einsparen.
- Bereite beim Kochen nur so viel heißes Wasser, wie du auch tatsächlich benötigst!
- Eine Kochplatte wärmt noch nach. Schalte sie deshalb zeitig genug aus oder nutze die Restwärme z. B. zum Erhitzen von Wasser!
- Gehe im Bad besonders sparsam mit heißen Wasser um! Die Energie für ein Vollbad reicht aus, um eine Energiesparlampe 12 Tage und Nächte ununterbrochen brennen zu lassen. Beim Duschen braucht man nur etwa ein Zehntel dieser Energie (Bild 2).
- Heize nur so stark, wie es unbedingt notwendig ist. Schalte die Heizung nur dann ein, wenn du dich in deinem Zimmer aufhältst!
- Öffne im Winter das Fenster zum Lüften sehr weit – aber nur etwa 1 Minute, damit das Zimmer nicht auskühlt!

2

1

2

Auch lohnt es sich, darauf zu achten, wie viel Energie von verschiedenen elektrischen Geräten benötigt wird.
Lampen, die über längere Zeit eingeschaltet bleiben, sollten keine Glühlampen sein! Es gibt Energiesparlampen, die zum Erzeugen der gleichen Lichtmenge nur 1/6 der elektrischen Energie benötigen (Bild 3).
Bei *Waschmaschinen* gibt es solche mit besonders geringem Wasserverbrauch. In ihnen wird weniger Wasser erwärmt und daher weniger elektrische Energie benötigt. Außerdem muss Wäsche nicht immer bei der angegebenen Höchsttemperatur gewaschen werden. „Kochwäsche" wird oft auch schon bei 60° C sauber.
Weiterhin gibt es seit einiger Zeit *Kühlschränke und Kühltruhen* mit besonders guter Wärmedämmung. Veraltete Modelle führen oft zu einem unnötig hohen Energiebedarf, denn in der Regel laufen diese Geräte 365 Tage im Jahr.
Ähnlich ist es mit allen Geräten, die im so genannten *Stand-by-Betrieb* (Bereitschaftsbetrieb) eingeschaltet sind. Auch wenn sie gar nicht benötigt werden, brauchen sie viel elektrische Energie. Für manches Videogerät, das im Stand-by-Betrieb eingeschaltet ist, müssen in einem Wärmekraftwerk 20 kg Kohle pro Jahr verbrannt werden – und dafür zahlt man dann immerhin etwa 20 €.

3

Aufgaben

1. Es gibt viele Möglichkeiten, Energie zu sparen. Auf welche Weise kannst du dazu beitragen? Denke an dein Verhalten in der Küche, im Bad und in deinem Zimmer!
2. Wo könnte man in eurer Schule Energie sparen?
3. Erläutere, weshalb durch sparsamen Umgang mit Rohstoffen auch Energie gespart werden kann. Welche Materialien sind für das Recycling besonders geeignet? Welche weiteren Vorteile bringt die Wiederverwertung mit sich?
4. Wie viele Personen müsst ihr im Pkw sein, damit ihr nicht mehr Energie als bei einer Fahrt mit der Straßenbahn benötigt?
5. Erhitze je 0,5 l Wasser auf verschiedene Weise bis zum Sieden. Verwende unterschiedlich große Herdplatten und Töpfe sowie einen Tauchsieder bzw. Wasserkocher. Miss die jeweils eingesetzte Energie mit dem Elektrizitätszähler!
(Dazu müssen aber alle anderen Geräte abgeschaltet sein.)

Gleiche Leistung bei unterschiedlicher Spannung

Gewöhnliche Haushaltsglühlampen mit einer Leistung von 60 W sind für eine Betriebsspannung von 230 V ausgelegt. Es gibt aber auch 60-W-Lampen die mit einer Spannung von 12 V betrieben werden, so z. B. die Fernlichtlampen im Pkw. Welche Vor- und Nachteile haben die unterschiedlichen Spannungen in dem jeweiligen Fall?
Aus der Gleichung $P_{el} = U \cdot I$ ist zu erkennen: Um eine bestimmte Leistung zu erreichen, muss
- bei einer großen Spannung die Stromstärke klein sein,
- bei einer kleinen Spannung die Stromstärke groß sein.

Je kleiner die Stromstärke ist, desto weniger werden die Leitungen im Stromkreis erwärmt. Deswegen ist es gerade bei großen Entfernungen günstig, möglichst hohe Spannungen zu verwenden. Die großen Überlandleitungen führen Spannungen von 380 000 Volt. Allerdings lässt sich eine solch hohe Spannung nicht im Haushalt verwenden.

1 230-V-Lampe und 12-V-Lampe. Beide haben eine Leistung von 60 W.

2 Hohe Spannung, geringe „Verluste“

3 Dicke Kabel für große Stromstärke

Demgegenüber hat eine kleine Spannung die Vorteile, dass sie für den Menschen ungefährlich ist und dass sie durch Batterien zur Verfügung gestellt werden kann. Dadurch werden Geräte „mobil“, wie z. B. Taschenlampe oder Discman; auch ein Auto muss man unabhängig vom Leitungsnetz starten können.
Der Nachteil von Batterien ist, dass sie in der Regel eine Spannung von maximal 12 Volt liefern können. Dadurch muss die Stromstärke in den Leitungen und in den elektrischen Geräten relativ hoch sein. Der Anlasser eines Pkw hat eine Leistung von etwa 900 W. Daher muss bei einer Spannung von 12 V die Stromstärke etwa 75 A betragen (zum Vergleich: in einem gewöhnlichen 1 000-W-Tauchsieder beträgt die Stromstärke nur etwa 4 A). Damit es nicht zu einer übermäßigen Erwärmung kommt, sind die Anlasserkabel im Auto besonders dick (Bild 3).
In elektronischen Geräten mit Batteriebetrieb werden oft Spannungen von nur 6 V oder gar 3 V verwendet. Trotzdem ist in ihnen die Stromstärke sehr gering. Der Grund ist, dass die moderne Mikroelektronik nur einen sehr geringen Leistungsbedarf hat.

ÜBRIGENS

Auf einem Auto-Akkumulator findet man eine Angabe darüber, wie lange er eine bestimmte Stromstärke liefern kann. Die Angabe 36 Amperestunden ($36\,A \cdot h$) bedeutet z. B., dass der Akkumulator 36 Stunden lang eine Stromstärke von 1 A liefern kann.
Bei einer Spannung von 12 V entspricht das einer elektrischen Energie von $12\,V \cdot 1\,A \cdot 36\,h = 432\,W \cdot h$. Zum Vergleich: Monozellen besitzen eine Energie von etwa $5\,W \cdot h$.

Weißt du es? Kannst du es

1. Ermittle die elektrische Leistung eines Spielzeugmotors, der mit der angegebenen Spannung betrieben wird. Miss die Spannung und die Stromstärke. Nachdem der Motor zunächst ungebremst läuft, wird er durch eine um das Antriebsrad gewickelte Fadenschlaufe gebremst (Bild 1), bis er deutlich erkennbar langsamer läuft.
Zeichne den Schaltplan und lege eine Messwertetabelle an.
Berechne die Leistung des ungebremsten und des gebremsten Motors aus den Messwerten für Spannung und Stromstärke!

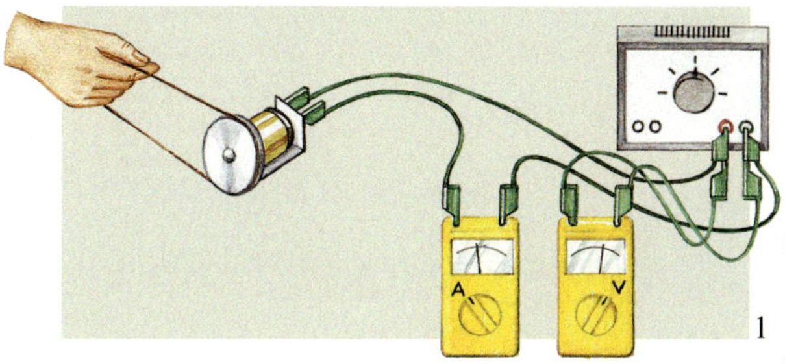

1

2. Vor 20 Jahren waren für Wohnräume Sicherungen von 6 A ausreichend. Heute werden zumeist 16-A-Sicherungen eingesetzt. Überlege anhand der Leistungsangaben der von dir genutzten elektrischen Geräte, ob in deinem Zimmer 6 A noch ausreichen würden!
3. Begründe mithilfe der Gleichung für die umgesetzte elektrische Energie, wie die Stromkosten im Haushalt gesenkt werden können!
4. Je größer die Stromstärke ist, umso größer wird die vom Strom in der Zuleitung entwickelte Wärme. Wie begegnet man dem in der Praxis? Begründe anhand der Gleichung für die Leistung!
5. Für ein Wannenbad muss ein elektrischer Durchlauferhitzer ($P_{el} = 12\,kW$) 10 Minuten Wasser erwärmen. Berechne die Kosten. Setze für $1\,kW \cdot h$ als Preis 0,20 € an!
6. Die Pumpe einer Heizungsanlage ($P_{el} = 80\,W$) ist von Oktober bis März etwa 3/4 jedes Tages in Betrieb. Welche elektrische Arbeit wird zum Umwälzen des Wassers benötigt? Berechne die Kosten für den Betrieb der Pumpe! ($1\,kW \cdot h \triangleq 0{,}20$ €)
7. Ein Fernseher ($P_{el} = 120\,W$) hat im Stand-by-Betrieb nur noch etwa 1 % der Leistung. Berechne die elektrische Energie für einen Stand-by-Betrieb von 24 Stunden. Vergleiche mit der notwendigen elektrischen Energie im Betrieb für einen Spielfilm von 90 Minuten Dauer!
8. Wie groß ist die Stromstärke in einem Spielzeugmotor mit einer Leistung von 15 W, der an 12 V angeschlossen wird?
9. Begründe, warum Elektrolokomotiven und Straßenbahnen mit einer wesentlich höheren Spannung als 230 V betrieben werden!
10. Ein Mikrowellenherd (230 V, 800 W) und ein Wasserkocher (230 V, 1750 W) sollen an eine Doppelsteckdose angeschlossen werden. Für welche Stromstärke müssen die Zuleitungen und die Sicherung ausgelegt sein?

Kurz und knapp!

Größe	elektrische Leistung	elektrische Energie
Bedeutung	Die elektrische Leistung eines Gerätes gibt an, wie viel elektrische Energie das Gerät in einer bestimmten Zeit umsetzt.	Durch den Stromfluss wird in elektrischen Geräten elektrische Energie umgewandelt. Die Geräte geben dabei Wärme oder Licht ab oder sie verrichten mechanische Arbeit.
Formelzeichen	P_{el}	E_{el}
Gleichung	$P_{el} = U \cdot I$	$E_{el} = P_{el} \cdot t = U \cdot I \cdot t$
Einheit	$1\,W = 1\,N \cdot m/s = 1\,J/s$ $1\,kW = 1\,000\,W$ $1\,MW = 1\,000\,kW$	$1\,W \cdot s = 1\,N \cdot m = 1\,J$ $1\,kW \cdot h = 3\,600\,000\,W \cdot s$
Messgerät	Leistungsmesser	Elektrizitätszähler

Naturgewalten Blitz und Donner

Entstehung von Gewittern

Im Sommer kommt es an schwülen Tagen oft zu Wärmegewittern. Wenn die Sonne kräftig auf die Erde scheint, dann kann am Erdboden eine Schicht aus warmer und feuchter Luft entstehen. Diese Schicht tritt aber nicht an allen Stellen auf, z. B. nicht über Wäldern und Seen. Dort ist es kühler. Dagegen erwärmt sich die Luft über trockenen Feldern mit reifem Getreide viel stärker. Unter diesen Bedingungen kann sich ein Wärmegewitter entwickeln.

Es ist aber auch möglich, dass der Wind kältere Luftmassen heranweht. Dann treffen diese mit der wärmeren Luft zusammen. Dort bildet sich eine Front aus, die von der kälteren Luftströmung weggeschoben wird. Unter diesen Bedingungen entstehen Frontgewitter. Sie bewegen sich mit der Front der Kaltluft vorwärts.

1 Wärmegewitter

2 Frontgewitter

Beim Wärmegewitter steigt die feuchtwarme Luft an den Stellen höherer Temperatur auf. Das entspricht dem Vorgang in einem Schornstein. Beim Frontgewitter schiebt sich die ankommende kalte Luft wie ein Keil unter die warme. Die warme Luft wird dabei hochgehoben und wie eine Walze weggeschoben. Die rasch aufsteigende feuchtwarme Luft dehnt sich aus und kühlt sich dabei ab.
In der Lufthülle der Erde ist in einigen Kilometern Höhe die Temperatur bereits bis auf etwa 0 °C gesunken. Bei dieser niedrigen Temperatur wandelt sich ein immer größerer Teil des Wasserdampfes in der Luft in Wasser um. Er kondensiert. Es bilden sich Wolken.
Das ist derselbe Vorgang, wie er in einem Kochtopf mit heißer Speise an der Unterseite eines Topfdeckels auftritt. Auch dort wandelt sich der kältere Dampf in Wassertropfen um (Bild 1).

1

EXPERIMENT 1

1 Besorge dir eine dünnwandige durchsichtige Kunststoffflasche mit einem Volumen von mindestens 1 l.
2 Bringe in die Flasche ca. 1/8 l Wasser und verschließe sie.
3 Schüttle die Flasche kräftig.
4 Wirf vorsichtig ein brennendes Streichholz in die wieder geöffnete Flasche. (Die Verbrennungsgase entsprechen dem Staub in der Natur.)
5 Verschließe die Flasche wieder und drücke sie mit beiden Händen ca. 10 s lang kräftig zusammen.
6 Höre mit dem Drücken auf.

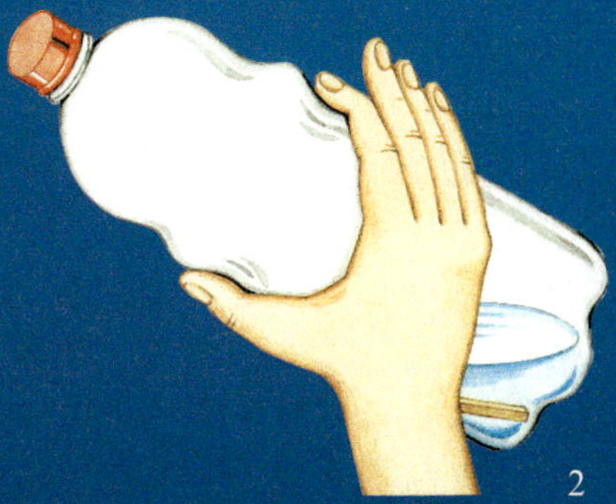
2

Durch Ausdehnung erfolgt in der Flasche eine Abkühlung und eine Nebelbildung wie bei der Entstehung von Wolken.

Die kondensierten Wassertröpfchen in der Lufthülle der Erde bilden eine Wolke. Die Luft steigt immer noch auf und kühlt sich weiter ab. Die Wassertröpfchen gefrieren zum Teil. Die typischen Gewitterwolken sind hoch aufgetürmte Haufenwolken (Bild 3).
In Höhen von einigen tausend Metern ist es so kalt, dass die Tröpfchen zu Eiskristallen erstarren.

ÜBRIGENS

Wolken, die aus Regentröpfchen bestehen, haben zumeist scharfe Ränder und sehen kompakt aus. Wolken, die aus Eiskristallen bestehen, sind in der Regel weiß und an den Rändern „ausgefranst".

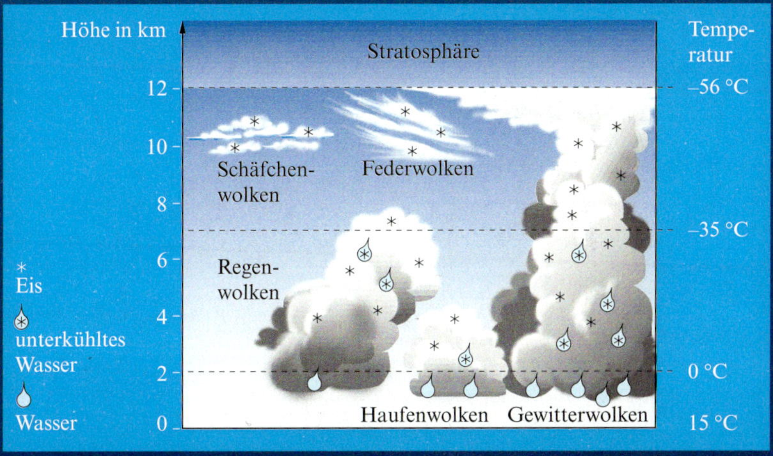

3

AUFGABEN

1 Unter welchen Bedingungen entstehen Gewitter?
2 Informiere dich mithilfe des Internets (Wetterdienste) über die Häufigkeit von Gewittern in Deutschland!
3 Wodurch unterscheiden sich Wärmegewitter von Frontgewittern?

Blitz und Donner

Beim Aufsteigen der Wassertropfen und Eiskristalle tritt Reibung mit der Luft auf. Dadurch erfolgt eine Ladungstrennung. Im oberen Bereich der Wolke sammelt sich positive Ladung und im unteren Bereich negative Ladung.
Wenn sich zwei große ungleichnamige Ladungen zwischen benachbarten Wolken gegenüberstehen, kann es zu einem Ladungsausgleich kommen. Es fließt ein starker elektrischer Strom durch die Luft und die Luftmoleküle werden zum Leuchten angeregt. – Wir sehen einen Blitz. Im Blitz erwärmt sich die Luft sehr stark. Es können Temperaturen von etwa 20 000 °C entstehen. Die Luft dehnt sich plötzlich wie bei einer Explosion aus. Dadurch entsteht der Donner.
Häufig schlagen Blitze auch in die Erde ein. Dann fließt ein starker elektrischer Strom zwischen der geladenen Wolke und der Erde. Als Einschlagstellen für den Blitz sind einzeln stehende Bauwerke besonders gefährdet, vor allem wenn sie aufragende Türme und Spitzen besitzen. An solchen Gebäuden werden Blitzableiter angebracht. Dazu befestigt man an den höchsten Stellen nach oben gerichtete Metallstangen. Bei guten Blitzschutzanlagen sind zusätzlich an den Dachkanten dicke Drähte verlegt. Alle diese Metallteile sind mit der Erde verbunden. Wenn ein Blitz in den Blitzableiter einschlägt, so wird er zur Erde abgeleitet.

1

Bestimmung der Entfernung von Gewittern. Ein Blitz sendet kurzzeitig viel Licht aus. Dieser Vorgang ist vergleichbar mit dem Blitzlicht beim Auslösen eines Fotoapparates. Außer dem Licht tritt beim Blitz noch starker Schall auf. Das ist der Donner. Blitz und Donner entstehen zu gleicher Zeit. Trotzdem hört man den Donner in den meisten Fällen viel später als man den Blitz sieht. Woher kommt das?
Das Licht breitet sich mit sehr großer Geschwindigkeit aus. Es legt in 1 Sekunde einen Weg von 300 000 km zurück. Wenn der Blitz z. B. in 10 km Entfernung vom Beobachter entsteht, dann braucht das Licht nur ungefähr 0,000 003 s, um zu den Augen des Beobachters zu gelangen. Der Schall breitet sich mit einer Geschwindigkeit von ungefähr 340 m/s aus. Für einen Weg von 1 km benötigt er also eine Zeit von 3 s. Die 10 km Weg vom Blitz zum Beobachter legt er in 30 s zurück. Tritt der Blitz in 1 km Entfernung vom Beobachter auf, so hört man bereits nach 3 s den Donner. Damit kann man einfach und sehr gut die Entfernung eines Gewitters bestimmen.

2

Faustregel:
Entfernung des Gewitters in km = Zeit zwischen Blitz und Donner in $\frac{s}{3}$

Kugelblitze. Kugelblitze sind sehr seltene Naturerscheinungen. Es sind hell leuchtende Blitze, die meist einen Durchmesser zwischen 10 cm und 40 cm besitzen. Sie entstehen in der Luft oder fallen aus den Wolken. Kugelblitze schweben meist einige Meter über dem Boden und bewegen sich mit einer Geschwindigkeit von etwa 4 m pro Sekunde. Sie verlieren allmählich an Helligkeit oder verschwinden mit einem lauten Knall. Kugelblitze sind schon oft mehr oder weniger zufällig fotografiert worden. Sie treten aber viel zu selten auf, als dass man Untersuchungen an ihnen durchführen könnte. Für diese Naturerscheinung gibt es bis jetzt nur wenig zufriedenstellende Erklärungen.

1
Historische Darstellung eines Kugelblitzes (London 1886)

Einige Informationen über Blitze	
Anzahl der Gewitter in einem Jahr auf der Erde	16 000 000
Anzahl der Blitze in einer Sekunde auf der Erde	100
Höchste auftretende Spannung bei Blitzen	1 000 000 000 V
Stromstärke eines Blitzes	20 000 A
Dauer eines Blitzes	0,00 004 s

Von der Reibungselektrizität zum Blitzableiter

Dass es sich bei Blitzen um elektrische Entladungen handelt, weiß heute jeder. Es war aber ein langer Weg vom Glauben, dass Blitz und Donner Zeichen des Zorns von Göttern sei, bis zu dieser Erkenntnis.

Erzeugung der ersten Funken. 1663 hat der Magdeburger Bürgermeister OTTO VON GUERICKE eine Maschine konstruiert, mit der er Elektrizität erzeugen konnte. Sie bestand aus einer großen Schwefelkugel, die sich drehte. Wenn man die Hand an die umlaufende Kugel hielt, traten elektrische Funken auf (Bild 2).

1743 baute der Leipziger Professor CHRISTIAN AUGUST HAUSEN seine erste Elektrisiermaschine mit einer Glaskugel. Damit konnte er Licht erzeugen, leicht brennbare Stoffe entzünden und Glockenspiele ertönen lassen. Vor allem wollten aber viele Menschen elektrisiert werden. Deshalb wurden an den Höfen der Könige, in den Salons des Adels und auf Volksfesten elektrische Experimente vorgeführt (Bild 3).

AUFGABEN

1 Wodurch erfolgt beim Gewitter das Aufladen der Wolken?
2 Zwischen dem Sehen des Blitzes und dem Hören des Donners vergeht ein Zeit von 18 s. Wie weit ist das Gewitter entfernt?
3 Wie groß ist die Entfernung vom Gewitter, wenn Blitz und Donner vom Beobachter gleichzeitig wahrgenommen werden ?
4 Welche Erklärung für Blitz und Donner gab es früher?

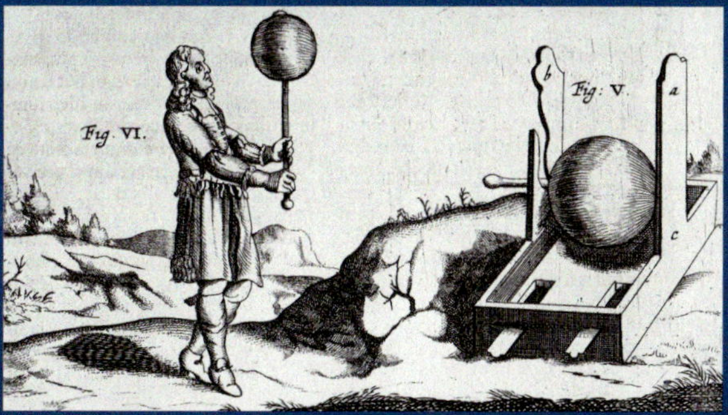

2

3

BENJAMIN FRANKLIN erfindet den Blitzableiter. Der amerikanische Naturwissenschaftler und Politiker BENJAMIN FRANKLIN untersuchte die Elektrizität von Gewitterwolken. Er vermutete, dass der Blitz dem elektrischen Funken ähnlich ist. Der Blitz müsste sich deshalb durch einen elektrischen Leiter ableiten lassen.
Er machte im Jahre 1750 folgenden Vorschlag: „Auf einem hohen Turm soll ein Häuschen mit einem isolierten Schemel errichtet werden, der mit einer 20 bis 30 Fuß hohen, oben spitzen Eisenstange versehen sein muss. Auf diesen isolierten Schemel muss sich dann eine Person stellen. Bei einem heraufziehenden Gewitter würde diese Person dann über die Eisenstange aufgeladen, und man könnte ihr elektrische Funken entnehmen. Bei Gefahr aber sollte die Eisenstange über einen Draht geerdet werden."

Als die Veröffentlichungen FRANKLINS in Europa bekannt wurden, baute THOMAS FRANCOIS DALIBARD solch ein Schilderhaus und brachte eine fast 12 m hohen Eisenstange an. Beim Vorbeizug eines Gewitters gelang es, Funken aus dem unteren Ende der Stange zu ziehen. Damit war erstmals der Beweis erbracht, dass der Blitz eine elektrische Erscheinung ist.

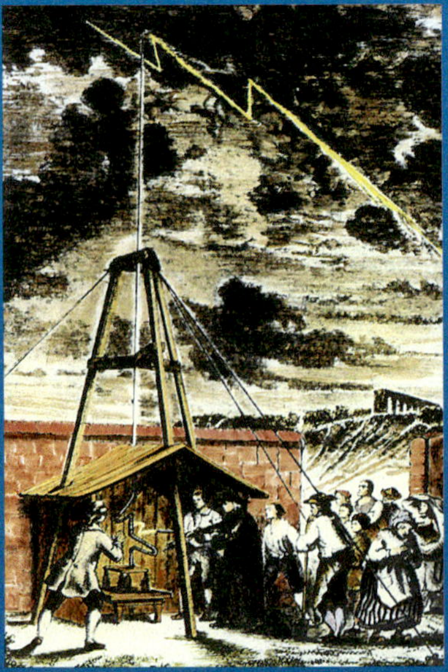

1 DALIBARDS Experiment zum ersten Nachweis von Gewitterelektrizität in Marly-la-Ville bei Paris am 10. 5. 1752

2

Auch FRANKLIN dachte über weitere Experimente nach. Im Juni des Jahres 1752 führte FRANKLIN sein berühmtes „Drachen-Experiment" durch. Bei Gewitter ließ er einen Kinderdrachen steigen, der mit einer spitzen Metallnadel versehen war. Durch diese Nadel wurde der Blitz „aus den Wolken gezogen". Ein feuchtes Hanfseil leitete die Elektrizität nach unten zu einem Schlüssel, der am Ende des Seils befestigt war. Wenn FRANKLIN dem Schlüssel mit den Fingern näher kam, sprangen Funken über (Bild 2).

Experimente mit Gewitterelektrizität waren – und sind noch heute – sehr gefährlich. 1753 hat der Physiker WILHELM RICHMANN bei einem solchen Experiment in Petersburg sein Leben verloren.

ÜBRIGENS

Bei seinen Experimenten mit Froschschenkeln (siehe S. 95) machte GALVANI auch noch folgende Entdeckung: Einer seiner Helfer kurbelte an einer Elektrisiermaschine. Die Froschschenkel zuckten auch dann zusammen, wenn ein Funke überschlug. Das Gleiche geschah auch, wenn während eines Gewitters ein Blitz auftrat. Auch das war ein Beleg dafür, dass elektrische Funken und Blitze einander sehr ähnlich sind.

Seine Überlegungen brachten FRANKLIN auf die Idee, den Blitzableiter zu konstruieren. Man wusste damals schon, dass zugespitzte Leiter die Elektrizität aus geladenen Körpern allmählich an die Umgebung abgeben können. Aus geladenen stumpfen Körpern tritt die Elektrizität jedoch nur in Form eines Funkens aus, wenn sich ein weiterer Körper in ihrer unmittelbaren Nähe befindet.

1

EXPERIMENT 2

1. Umwickele zwei Tischtennisbälle mit Aluminium-Haushaltsfolie! Drücke die Folie sorgfältig an, sodass keine Aluminiumspitzen entstehen!
2. Befestige an jedem Ball einen etwa 1 m langen dünnen Seidenfaden!
3. Hänge die Bälle nebeneinander auf, sodass der kleinste Abstand zwischen ihren Oberflächen etwa 10 cm beträgt!
4. Reibe ein Stück PVC-Rohr mit einem Fell oder einem Wolllappen und streiche die Ladungen des Rohrs an dem einen Ball, die Ladungen des Lappens an dem anderen ab!

Die elektrisch entgegengesetzt geladenen Bälle ziehen sich an.

EXPERIMENT 3

1. Benutze die Anordnung von Experiment 2!
2. Stecke durch jeden Ball eine Stecknadel indem du sie so unter die Aluminiumhülle schiebst, dass die Spitze ca. 2 cm herausragen! Wiederhole den Vorgang der Aufladung beider Bälle!

Die Bälle ziehen sich nicht mehr an. Durch die Spitzen bleiben die Ladungen nicht auf den Bällen.

FRANKLIN formulierte: „Könnte nicht die Kenntnis von der Kraft der Spitzen der Menschheit von Nutzen sein, wenn man dadurch Häuser, Kirchen, Schiffe usw. vor dem Blitzschlag schützen könnte, indem sie uns dazu führt, auf den höchsten Teilen dieser Baulichkeiten aufrecht stehende eiserne Stangen zu befestigen, die scharf wie eine Nadel gemacht wurden und vergoldet wurden, um Rost zu verhindern. Und von dem Fuß dieser Stangen müsste ein Draht an der Außenseite des Gebäudes in die Erde führen."

2

Modelle und Instrumente, mit denen FRANKLIN seine Blitzableiter-Experimente durchführte.

ÜBRIGENS

BENJAMIN FRANKLIN gilt als der Erfinder des Blitzableiters. Aber bereits die alten Ägypter kannten den Blitzableiter. Der ägyptische Pharao RAMSES III. ließ um 1170 v. Chr. am Tempel von Medinat-Habu und an dem von ihm erbauten Chons-Tempel in Theben Masten mit vergoldeten Spitzen anbringen. Sie haben die Funktion von Blitzableitern.

AUFGABEN

1. Wie funktioniert ein Blitzableiter?
2. Erkunde mit einem Fernglas, ob hohe Schornsteine oder Kirchtürme Blitzableiter haben!

Moderne Blitzschutzanlagen

Der sicherste Schutz vor Blitzen ist dadurch möglich, dass man sich in einen metallenen „Käfig" begibt. Solch einen Käfig stellt zum Beispiel die Karosserie eines Autos dar. Er wird nach seinem Erfinder MICHAEL FARADAY „Faraday'scher Käfig" genannt.
In einen Faraday'schen Käfig können elektrische Ladungsträger nicht eindringen. Auf der „Außenhaut" des Käfigs wird die Ladung gerade so verschoben, dass das Innere des Käfigs ladungsfrei bleibt.
Schlägt ein Blitz in einen Faraday'schen Käfig ein, so gelangt die Ladung nur bis auf die Außenfläche des Käfigs und fließt dann auf den Gitterstäben zur Erde ab. Diese Erscheinung wird z. B. im Deutschen Museums in München vorgeführt (Bild 3).

1 Ein Auto ist ein Faraday'scher Käfig.

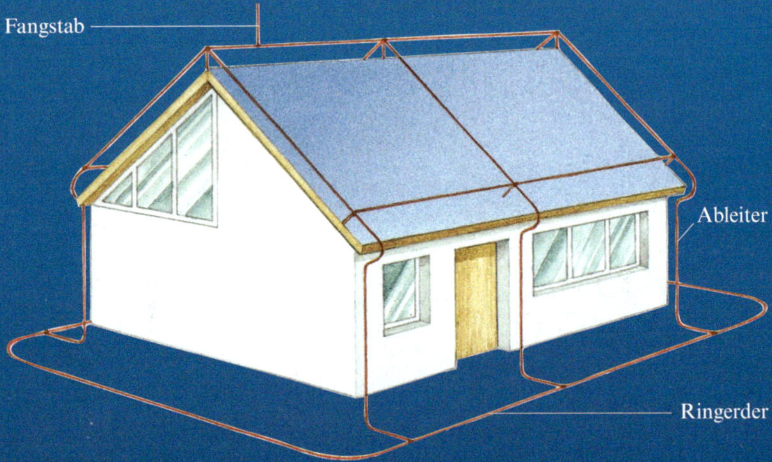

2 Durch Blitzschutzanlagen können Häuser von Faraday'schen Käfigen umgeben werden. Wichtig ist eine gute Erdung.

3 Die Person spürt beim Einschlagen des Blitzes in den Käfig nichts.

Auf Gebäuden, die vom Blitz gefährdet sind, werden nicht nur Blitzableiter angebracht. Man befestigt auch längs der Dachkanten und des Dachfirstes metallene Stäbe. Diese sind leitend durch Stäbe miteinander verbunden. Auch diese Stäbe sind über das Dach verlegt und an mehreren Stellen geerdet. Dadurch bilden sie einen richtigen Käfig (Bild 2).

Mit dem folgenden Experiment kann man untersuchen, wo sich die Ladungsträger auf einer geladenen Blechdose befinden.

EXPERIMENT 4

1 Befestige eine leere Blechdose ohne Deckel auf einem Isolator!
2 Verbinde die Dose über einen großen Schutzwiderstand mit einem Pol einer Hochspannungsquelle. Erde den anderen Pol!
3 Versuche mit einem Ladungslöffel aus dem Inneren der Dose Ladungsträger auf den Kontakt des Elektrometers zu übertragen!
4 Versuche die Ladungsübertragung ausgehend vom Außenmantel der Dose!

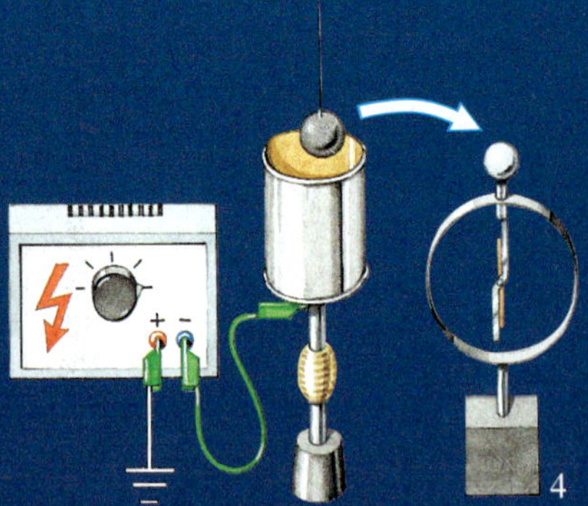

4

Im Inneren der Dose befinden sich keine Ladungsträger.

Verhalten bei Gewitter im Freien

Wenn du dich bei einem Gewitter im Freien auf einem Weg, einer Wiese, einem Feld oder beim Baden im Wasser befindest, so stellst du einen höher gelegenen Körper dar, in den ein Blitz leicht einschlagen könnte.

1

Wenn du folgende Regeln beachtest, kannst du dich gut vor einem Blitzschlag schützen:

- Vermeide es, die höchste Erhebung im Gelände zu sein.
- Hocke dich mit geschlossenen Beinen hin. Wenn möglich in eine Bodenmulde, in einen Hohlweg oder unter einen Felsvorsprung. Vermeide dabei dich irgendwo anzulehnen oder jemanden zu berühren.
  Die Hockstellung ist wichtig, damit bei einem nahen Blitzeinschlag keine Ladung vom Erdboden durch den einen Fuß und die Beine zum anderen Fuß fließt.
- Bade niemals bei Gewitter! Es stimmt zwar nicht, dass das Wasser den Blitz anzieht, aber das Baden ist trotzdem lebensgefährlich, weil du eine Erhebung darstellst.
- Sicheren Schutz vor Blitzen bieten alle Räume, die von Metall umschlossen sind, z. B. Autos, Waggons, Schiffe, Metallgondeln von Seilbahnen. In nicht geschützten Scheunen, Holz- oder Steinhütten hockt man sich in die Raummitte.

2

3

4

5

6

Maßnahmen der ersten Hilfe bei Blitzschlag

Blitzschlag kann zu Atem- und Herzstillstand führen. Atemstillstand verlangt sofortiges und gezieltes Handeln. Man darf das Eintreffen eines Arztes nicht abwarten.
Für die Wiederbelebung ist die Mund-zu-Mund-Beatmung eine bedeutsame Methode. Dazu wird der Verletzte flach auf eine feste Unterlage gelegt.
Wenn Herzstillstand besteht (man kann den Puls am Handgelenk nicht mehr wahrnehmen!), sollte man die Herztätigkeit anregen. Dazu führt man mit der flachen Hand kurze rhythmische Stöße gegen die Mitte des Brustbeins aus. Diese Bewegung erfolgt sechs Mal rasch hintereinander.
Bei Verbrennungen werden die Wundflächen mit trockenen, sauberen Handtüchern, Tischdecken oder Kleidungsstücken bedeckt. Keinesfalls sollten Salben, Verbände o. ä. angelegt werden. Immer sollte möglichst schnell der Arzt benachrichtigt werden.

AUFGABEN

1 Warum ist man in Auto und Flugzeug vor Blitzschlag sicher?
2 Eine isoliert aufgestellte und nicht benutzte Getränkedose ist elektrisch negativ aufgeladen. Wo befinden sich die überschüssigen Elektronen?
3 Wie musst du dich verhalten, wenn du bei einer Fahrradtour plötzlich von einem Gewitter überrascht wirst?

Register

Quellennachweis der Abbildungen

ACfotodesign/f1online: 42/1. AEG, Franfurt a. M.: 58/3-4. akg: 40/1, 44/1. Aral AG, Bochum: 56/2. Archiv Hoyer: 56/4. Artur/Helle, Jochen: 80/1. Augenklick: 6/5. Biocomfort, Esslingen: 100/1. Bridgemanart.com: 45/2. Brunswick: 58/2. Bundesbahndirektion, Nürnberg: 52/3. Canon Euro-Photo, Willich: 56/5. CMA, Bonn: 60/3. Corbis/ Amos, James L. 45/3, 50/2; Busselle, Michael: 46/1; DeYoung, Michael: 16/2; Doyle, Rick: hinteres Vorsatz; Miele, Jean: 50/1; Orezzoli, Diego Lezama: hinteres Vorsatz; Schaefer, Norbert: 80/4; Smith, Scott T.: 16/4; Stoecklein, David: 19/3; Wood, Lawson: 16/1; Wood, Roger: 42/2. Corbis/ Kelly-Mooney Photography: 54/1. Corbis/Duomo: 19/1. Corbis/Museum of the City of New York: 122/2. Corbis/Premium Stock: 88/2. Corbis/Royalty-Free: 19/3, hinteres Vorsatz. Corbis/Sygma: 16/3. Cornelsen, Berlin: 6/4, 93/1. DaimlerChrysler, Stuttgart: 17/1, 17/4, 79/1. Deutsche Bahn AG: 49/2, 52/2. Deutsche Goodyear, Köln: 17/3. Deutsches Museum, München: 43/1, 66/3, 67/1, 95/1-5, 121/2-3, 124/3. dpa: 6/2-3, 24/1, 55/1, 118. EdT, Paris: 59/3. Geschwister Weisheit®, Gota:74/2. Hek Hebetechnik, Eppingen: 23/2. Helga Lade Fotoagentur: 25/2, 30/1, 32/1, 38/1, 59/2, 64/1, 68/3, 81. Irmer, München: 80/3. IZE: 62/1. Liebherr: 22/1, 32/4. maquette Hellige, Freiburg i. Br.: 101/2. Medtronic, Düsseldorf: 101/3. NASA: 11/2, 11/4, 12/1, hinteres Vorsatz. NOAA Photo Library: 121/1. Oelker, J., Radebeul: 61/2. Phywe Systeme, Göttingen: 33/4, 89/1, 93/3, 109/2. picture-alliance /akg-images: 122/1, 123/2 . picture-alliance/dpa: 47/2, 52/1, 74, 74/1. picture-alliance/KPA: 79/5. picture-alliance/ZB: 46/2-3, 47/1, 79/3. Preussag Elektra, Hannover: 66/1. Projekt Photos: 60/1, 60/2, 62/4, hinteres Vorsatz. R. Stahl Fördertechnik, Künzelsau: 108/2. Rheinbraun AG, Köln: 59/1. RWE Energie, Essen: 5, 62/2, 116/2. Schindler Aufzüge: 25/1. Schwarzer GmbH, München: 100/3. Science Photo Library/ Martin Bond: 44/2. Siemens, München: 58/1, 92/5, 110/2. Sonnenschein GmbH, Büdingen: 92/4. SPL/ agentur Focus: 50/3. Sportimage, Hamburg: 6/7. Superbild Bildagentur: Einband. Thyssen Krupp Stahl, Duisburg: 114/1. Transit/Christiane Eisler: 80/2. Tronicke, G., Dresden: 45/1. Ufop, Bonn: 51, 60/4. VEAG: 61/1, 62/3. Volkswagen AG, Wolfsburg: 78/4. ZARM, Bremen: 12/3.
Alle anderen Fotos: Volker Döring, Hohen Neuendorf.

Energie von der Sonne

Die Sonne ist ein unerschöpflicher Energielieferant. Durch Verschmelzung von Wasserstoffatomen wird täglich so viel Energie produziert und in den Weltraum geschickt, dass die Sonne pro Sekunde 4,2 Millionen Tonnen an Masse verliert. Nur ein winziger Teil der ausgestrahlten Energie trifft auf die Erde. Da sich die Erde um sich selbst dreht, werden so gut wie alle Teile der Erdoberfläche einmal pro Tag von der Sonnenstrahlung erreicht. Die Erde dreht sich auch einmal im Jahr um die Sonne. Aufgrund der immer gleichen Neigung der Erdachse wird der Streifen, der die meiste Energie von der Sonne erhält, von Norden nach Süden und wieder zurück verschoben. Diese Zunahme und Abnahme der Energie ist die Ursache für die Jahreszeiten.

In den Blättern der Pflanzen wird die Energie von der Sonne in chemische Energie umgewandelt. Kohle, Öl und Erdgas sind aus Pflanzen und Tieren entstandene Energiespeicher.